收缩城市研究
——选题、方法和范例

U0159973

收缩城市研究
——选题、方法和范例

A Research Agenda for Shrinking Cities

[美]贾斯汀·B.霍兰德　著

周恺　戴燕归　孔雅茹　夏依宁　译

中国建筑工业出版社

著作权合同登记图字：01-2023-1146号

图书在版编目（CIP）数据

收缩城市研究：选题、方法和范例 = A Research Agenda for Shrinking Cities / （美）贾斯汀·B.霍兰德著；周恺等译.—北京：中国建筑工业出版社，2023.8

（UD精选）

书名原文：A Research Agenda for Shrinking Cities

ISBN 978-7-112-28809-0

Ⅰ.①收… Ⅱ.①贾… ②周… Ⅲ.①城市规划—研究 Ⅳ.① TU984

中国国家版本馆 CIP 数据核字（2023）第 103752 号

A Research Agenda for Shrinking Cities / Justin B. Hollander, 9781785366321

Copyright © 2018 Justin B. Hollander

Through Big Apple Agency, Inc.

Translation Copyright ©2023 China Architecture Publishing and Media Co., Ltd.

All rights reserved. No part of this book may be reproduced in any form by any electronic or mechanical means (including photocopying, recording, or information storage and retrieval) without permission in writing from the publisher.

本书经大苹果公司代理，Edward Elgar Publishing 正式授权我社翻译、出版、发行本书中文版

责任编辑：刘文昕　吴尘

责任校对：王烨

UD 精选

收缩城市研究

——选题、方法和范例

A Research Agenda for Shrinking Cities

[美] 贾斯汀·B.霍兰德　著

周恺　戴燕归　孔雅茹　夏依宁　译

*

中国建筑工业出版社出版、发行（北京海淀三里河路9号）

各地新华书店、建筑书店经销

北京雅盈中佳图文设计公司制版

北京中科印刷有限公司印刷

*

开本：880 毫米 ×1230 毫米　1/32　印张：$5\frac{1}{4}$　字数：154 千字

2023 年 8 月第一版　2023 年 8 月第一次印刷

定价：50.00 元

ISBN 978-7-112-28809-0

（40903）

版权所有　翻印必究

如有内容及印装质量问题，请联系本社读者服务中心退换

电话：（010）58337283　QQ：2885381756

（地址：北京海淀三里河路9号中国建筑工业出版社604室　邮政编码：100037）

目　录

（＊未标注出处的图片均由作者拍摄或取得授权）

致　谢

　　本书的出版要特别感谢朋友、同事和家人。首先，感谢美国塔夫茨大学城市与环境政策和规划系（Department of Urban and Environmental Policy and Planning，UEP）的同事们的支持，感谢朱利安·阿吉曼（Julian Agyeman）、雷切尔·布拉特（Rachel Bratt）、玛丽·戴维斯（Mary Davis）、迈克尔·弗拉纳里（Michael Flanary）、劳里·戈德曼（Laurie Goldman）、罗伯·霍利斯特（Rob Hollister）、洛琳·霍伊特（Lorlene Hoyt）、弗兰·雅各布斯（Fran Jacobs）、詹姆斯·詹宁斯（James Jennings）、雪莉·克里姆斯基（Shelly Krimsky）、佩恩·卢（Penn Loh）、玛丽亚·尼古拉（Maria Nicolau）、芭芭拉·帕门特（Barbara Parmenter）、安·拉帕波特（Ann Rappaport）、肖曼·沙姆苏丁（Shoman Shamsuddin）、苏米塔·斯里尼瓦桑（Sumeeta Srinivasan）、乔恩·维滕（Jon Witten）和吴维平（Weiping Wu）。本书也得到了塔夫茨大学校友们的大力支持，特别感谢鲍勃·库克（Bob Cook）、杰基·德让（Jackie Dejean）、詹姆斯·格拉泽（James Glaser）、苏珊·莫里森（Susan Morrison）、莫妮卡·庞特斯（Monica Pontes）、唐娜·泰森（Donna Tyson）和杰夫·扎贝尔（Jeff Zabel）。感谢塔夫茨大学的研究生和本科生为本书提供了宝贵的灵感和帮助，包括汉娜·卡尔（Hanna Carr）、瑞秋·克莱因（Rachel Klein）、马克斯·拉兰（Max Lalanne）、亚历山德拉·珀迪（Alexandra Purdy）和王舒宁（Shuning Wang），还要感谢迈克尔·格林伯格（Michael R. Greenberg）、弗兰克·波普尔（Frank Popper）和麦克斯·哈特（Maxx Hartt）。

　　特别感谢马特·皮特曼（Matt Pitman）和 Edward Elgar 出版社的大力支持。

　　最后，向我的家人致以最诚挚的谢意，是你们帮助我实现了出书的愿望。

第1章　研究领域

　　回想我研读博士学位的时光，已恍如隔世。但是，我仍然清晰记得离罗格斯大学校园仅几个街区的地方有一个简陋的小馆子。我经常与我的教授及朋友弗兰克·波普尔（Frank Popper）在这个餐馆会面，共同享用便宜的鸡蛋和微温的咖啡。遍布划痕的餐桌，油腻的食物和易怒的厨师，让这家餐厅的生活气息格外浓郁。餐馆的所有员工都没有受过任何正规的教育，这里的顾客也大多是正在这个街区建造新校舍的蓝领建筑工人。正是从这里，我开始了自己在"收缩城市"研究领域的探索。

　　弗兰克·波普尔一直是（也仍然是）位传奇人物，能跟随他学习和做研究是人生一大幸事。他关于人口衰减的研究被别人写成了书，甚至拍成了电影。最开始接触他的时候，我的确抱有某种追星心态，但是波普尔朴素的着装（运动鞋和牛仔裤）以及随和的学术态度迅速拉近了我们之间的距离。他和他的妻子曾经共同提出了一个奇妙的想法——将美国大平原地区（占美国陆地面积近五分之一）改建为"野牛公共地"①（Buffalo Commons）（图1.1）。出于细致的研究，加上长聘教职的勇气，波普小夫妇针对该地区和其他类似地区提出了一个启发深刻思想转变的观点：如果能够妥善规划好未来的土地用途，人口衰减可能并不是一件坏事。

　　在烤焦的吐司和薯饼旁，我和波普尔曾经就这个新兴的收缩城市领域展开过辩论。并且，通过一次偶然的兼职机会，我有幸前往密歇根州进行了一次短期的考察，参观了美国最典型的收缩城市：底特律。我的原定计划本是到"狼獾州"（即密歇根州）参观一座被关闭的灯塔，并会见当地官

---

① "野牛公共地"是一项社会文化运动，旨在促进美国中部大平原正向的、修复性的社会环境和生态环境变革。——译者注

图1.1　弗兰克·波普尔和黛博拉·波普尔在新泽西高地公园的家中
摄影：迈克尔·米尔德（授权使用）

员。但在前往机场的路上，我非常幸运地改变了行程，走访了底特律。

为了充分利用这次调研机会，我预先联络确定了几个主要的走访对象。
2004年，由于市长即将被监禁的新闻事件，底特律正广受公众关注。所以，
我避开了正式的市政部门，转而联系了几位社区负责人。唯一回复我的是
"底特律西北部社区开发公司"的约翰·奥布莱恩（John O'Brien）。他开
车载我在底特律的布莱特摩尔社区（Brightmoor Neighborhood）周边转了大
约一个小时，向我介绍了该地的历史，并提到了他们正在参与的一些拆除
和搬迁工作。

在经过一栋第二层被烧毁的新建独栋住宅时，奥布莱恩先生放慢了车
速。他解释道："那栋房子太可惜了，六个月前我们才修建完工，并让一家
人住了进去。"这些饰以鲜艳色彩的新建或翻新房屋，分布在维护不善、被

遗弃的房屋周边。布莱特摩尔始建于 20 世纪 20 年代初，是在汽车制造业
繁荣时期为那些迁入城市的工人提供的廉价住房（Sugrue，1996，第 22 页）。
几十年来，建筑材料问题和整体维护不善导致这个社区中大量房屋被废弃。　3

　　在这个社区里，我拍了很多照片，做了大量的笔记。回到新泽西州后，
我努力思考，作为一名研究者，如何才能为约翰·奥布莱恩和布莱特摩尔
社区的居民带来些许改变。虽然政府已经投资了数百万美元，并且有像奥
布莱恩这样负责任的地方官员在不知日夜、不知疲倦地工作，努力改善现
状，但是当地人的处境仍然很糟糕。同时，也在反思，我只不过是来自康
涅狄格州的一个瘦小的白人青年，又凭什么能够帮助人家？更重要的是，
我的研究最终能给他们带来哪些真正的改变？

　　10 多年后的今天，我终于能够非常欣慰地回答这些问题。在完成了几
十个研究项目以后，自己终于有了一个答案。不过我的答案并不简短，这
正是我写本书的原因。

　　我们必须致力于实现更加长远的目标。研究者的一些工作的确能够为
约翰·奥布莱恩和布莱特摩尔社区居民提供及时的、有效的帮助和支持。
本书第 6 章讲述了"社区行动研究"（Community Action Research）如何让
社区受益。但是，这些短期的、直接的效益并不是研究者的最终目标。研
究的核心任务是：更加系统地认识城市为什么会收缩？城市是如何收缩
的？城市收缩与谁相关？什么政策能有效地解决收缩问题？以及城市应该
如何应对收缩？为了更好地回答这些问题，我们需要认真对待研究任务，
并投入长期、持续的工作。在调研中，当看到孩子们在荒废土地上玩耍，
看到单亲妈妈与被毒贩占住的空置房屋为邻时，我深刻地认识到问题的严
峻性、紧迫性。为了更好地帮助这些人，为了解决收缩城市的问题，研究
者需要直面这些难以回答的问题，并且努力给出满意的答案。像所有社会
科学研究一样，学者需要从研究设计（Research Design）、分析单元（Units
of Analysis）、尺度（Scale）、有效性（Validity）、可靠性（Reliability）和概
括性（Generalizability）等方面展开细致思考。在本书中，我充分糅合了亲
身经历和现有收缩城市文献成果，希望给未来的探索提供一个研究指南。

图 1.2 密歇根州底特律德尔雷（Delray）的空置土地

虽然我没办法邀请各位读者在泽西岛的小馆子里共进美食，但希望我的书能成为供大家欣享的精神食粮。

在《纽约时报》2013 年刊出的一篇关于底特律市长的报道中，记者充满讽刺地反问道："这样一个仅拥有 70 万人口且街区大量房屋空置的城市，给全市 139 平方英里（1 平方英里约为 2.59 平方公里）的土地配建的公共服务和基础设施还有意义吗？还是说，这座城市必须进行收缩才能生存下去？"（Davey，2013，第 A1 页）

收缩城市都面临着同样的问题，到处是按揭止赎或空置废弃的房屋和空荡荡的工厂，还有希望渺茫的未来（图 1.2、图 1.3）。在"收缩城市"理论框架下，部分规划师和研究者正致力于扭转城市规划和地方政府头脑中根深蒂固的"增长主义"思维（Oswalt，2006；Pallagst and Mercier，

图 1.3　印第安纳州加里的废弃公寓楼

2007；Hollander et al.，2009；Hollander and Nemeth，2011）。在一些衰退的城市，增长并不是唯一的规划思路。对于一些城市来说，与其用代价高昂的激励措施和经济刺激手段吸引工业回流，不如专注于改善城市留守居民的生活品质。对大多数城市来说，这个想法似乎有些离经叛道。但是，收缩城市这个概念如今变得越来越流行，人们期待收缩城市研究能够给灾难中的城市带来期待、潜能和希望。

　　开展这一领域研究会面临很多问题。例如，什么是恰当的收缩研究地理尺度：区域、大都市区、地方政府、社区或街区？研究的合理分析单元是什么：应该聚焦个体、家庭、社区团体、规划师、地方政府机构还是其他？随着学术界对社区运动的广泛关注，收缩城市的"受害者"群体又将如何正确地参与到研究过程中？

1 知识图谱

幸运的是，我不是首个提出上述问题的人。在社会科学和人文科学领域，伟大的思想家和研究者都曾经面对过类似的问题，为开启这项研究提供了具有参考性的方法。在政治学、公共政策、城市规划、地理学和建筑学等领域，学者们围绕相关问题展开了激烈的争论：城市为什么会衰退？相应干预措施的目标是什么？以达成这些目标来评判，哪些措施是成功的？

6   哪些是不成功的？这些争论最终并没有形成一致的意见，但留下了大量的讨论和论证资料。我将在本章余下部分对这些文献提炼总结，以一种极其简洁、精炼且不完全的方式进行综述。毕竟，完整综述该领域的文献可能需要一整篇博士论文。实际上，我的一位硕士研究生曾经写了一篇毕业论文，200 多页的毕业论文中仅文献综述就占了近 100 页。因此，我决定从先前自己出版的概述总结 [如《城市兴衰启示录》(*Sunburnt Cities*) 等] 中提炼出简明摘要，作为本书后面章节中论述的基础，以便读者更好地理解本书的主要观点。同时，简单描绘出该领域的知识图谱也可以为未来研究者提供一个路线图，为他们继续展开原创性研究奠定基础。

收缩发生的原因和干预措施理论

某地方人口减少的原因不存在单一解释。人口减少可以归咎于各种原因：自然灾害（Vale and Campanella, 2005）、去工业化（Bluestone and Harrison, 1982；McDonald, 2008）、后工业化（Highsmith, 2007；Reckien and Martinez-Fernandez, 2011；Martinez-Fernandez et al., 2012a；Wiechmann and Pallagst, 2012；Hoekveld, 2014）、郊区化（Jackson, 1985；Clark, 1989；Reckien and Martinez-Fernandez, 2011；Martinez-Fernandez et al., 2012a；Hoekveld, 2014）、全球化（Sassen, 1991；Hall, 1997；Martinez-Fernandez et al., 2012a, 2012b, 2015）、武装冲突和战争（Rieniets, 2009；Reckien and Martinez-Fernandez, 2011）、低生育率（Reckien

图 1.4 密歇根州底特律德尔雷的废弃房屋

and Martinez-Fernandez，2011；Wiechmann and Pallagst，2012；Hoekveld，2014）和经济周期（繁荣 / 萧条交替）等（Rust，1975；Ozatagan and Eraydin，2014）。通过对 1820—2000 年美国城市收缩进行分析，博勒加德（Beauregard，2009）反驳了试图寻求某种通用性解释的主张，认为人口减少的原因在不同历史时期发生了变化。"城市事务协会"（the Urban Affairs Association）年会上的一份会议报告也支持该观点，不提倡用某种"通用性"的解释来分析全球各地方的人口流失原因（Großmann et al.，2013）。

导致城市衰落的原因尚无定论，唯一不变的结论是每个地方都有自己的特点。但是，在社区层面存在两种解释人口减少的不同理论：社区生命周期理论（Neighborhood Life Cycle Theory）与替代性社区变化理论（Alternative Neighborhood Change Theory）（图 1.4）。

第一种理论将地方的生长和消亡方式比喻为人体，从生命周期的角度
分析社区的变化："（人体和社区）两者都不可避免地进入出生、生活和死

7   亡的不断循环"（United States Federal Home Load Bank Board，1940，第 3
页）。胡佛和弗农（Hoover and Vernon，1962）描述了社区生命周期的五个
阶段：新开发、转型、贬损、衰落和更新。"房地产研究公司"（the Real
Estate Research Corporation，1975）概括了类似的五个时期：健康期、衰退
初期、显著衰退期、加速衰退期和废弃期。

社区生命周期理论是为了更好地理解并解释衰退中的城市。在这个主
题下，许多研究致力于寻找能够阻碍或扭转这个所谓"自然进程"的规划
和政策措施（Bradbury et al.，1982）。

决策者设定的目标是振兴已经衰退的社区，同时，防止稳定社区在未
来衰退。社区生命周期理论对美国城市政策和规划产生了巨大的影响，但
同时也受到了广泛的批评（Metzger，2000）。

8   布莱克利和布拉德肖（Blakely and Bradshaw，1994）等人在传统的经
济发展分析中借鉴了社区生命周期理论，提倡通过货币投资空置土地进行
公共干预，坚信这样的政策能够阻止社区的缓慢衰亡。这种方法常被冠以"再
开发"（Redevelopment）或"复兴"（Revitalization）之名，通常以自上而
下的方式，通过"强行征收权"（Eminent Domain）搬迁原有居民来达成目标。
波士顿再开发管理局在波士顿西区的城市更新计划便是其中一个臭名昭著
的案例（Gans，1962；Teaford，2000）。近些年，康涅狄格州新伦敦市政
府在最高法院的一场诉讼中胜诉，这使得市政府强征 64 所私人住宅并将其
用以帮助大型企业扩张的做法彻底合法化了（Langdon，2005；Salzman and
Mansnerus，2005）。本案例"凯洛诉新伦敦市案"[①]（2005）引发了公众对
政府以经济开发为理由强制征用土地的强烈反对情绪，并引发了一系列新

---

① "凯洛诉新伦敦市案"（Kelo v. City of New London，545 U.S. 469 125 S. Ct. 2655）是美国最高法院判决的
一起关于政府是否能以经济发展为理由征用私有财产并移交给私有实体的判例。原告凯洛为被征地
的居民代表，被告是康涅狄格州新伦敦市市政府。按照最高法院的最新判决，地方政府有权强行征
收私有土地用于商业开发，只要这种开发可纳入"公共使用"（Public Use）范畴。——译者注

的州法律颁布和公众抗议活动（Egan，2005）。

这种自上而下的公共政策干预可能会对地方政府的控制权产生影响（Hospers，2013），并强化地方政府对地区或国家支持的依赖性（Mallach，2010；Martinez-Fernandez et al.，2015）。一些学者认为，这样的"增长霸权"实际上会加剧人口减少（Bernt，2009；Hackworth，2014；Ozatagan and Eraydin，2014；Martinez-Fernandez et al.，2015）。

关于社区生命周期理论，主流的认知是：政府有必要以公共投资的方式阻止失控的社区变化过程。然而，这样的社区周期演变的认识忽视了一种情景——虽然城市人口减少了，但有些社区没有出现衰退。该理论并没有基于此探索人口流失时避免社区衰退的方法，而只是将社区进行简单的评判，增长还是衰退？保留存活还是让其消亡？（Hollander et al.，2009）

根据梅茨格（Metzger，2000）的观点，城市的未来并不取决于它在"自然"生命周期中的哪个阶段，"而是取决于居民是否能在保持社区自主权的前提下获得财政资源支持"（同上，第 7 页）。梅茨格借鉴了一系列批判性理论，摒弃了现代主义的非进步即倒退、非增长即衰退的观念。博勒加德（Beauregard，2003）在研究城市衰退时也探讨了这一辩证关系。他发现城市衰退植根于一个被社会刻意建构的叙事中，即郊区的崛起和城市的衰落①——一个通过口头和书面传播而不断在公众意识中强化的虚构故事。

部分批评家（Dear and Flusty，1998）提出了一种后现代的社区演变理念，摆脱了这种宏大的叙事，让每座城市、每个社区和每个街区都能发出自己的声音。米切尔（Mitchell，2002）在对埃及规划的描述中也印证了这一理论，他展示了"非正式的、秘密的和未经报道的"社会活动是如何支配规划成效的，而不是由西方殖民者"捏造"的剧本来决定结果。在这种替代

---

① 　为了更好地理解这里的意思，必须初步了解美国 20 世纪中叶出现的郊区化过程，以及随之发生的内城衰退。随着人口和就业由城市流向郊区，内城成为衰退（收缩）的地方，带来了各种社会经济问题，被污名化；而郊区生活则在地产公司的宣传和渲染下，成为美好田园的象征，以及人们向往的居所。这一历史过程对当今的美国社会仍有影响，在中上层社会民众中仍然普遍存在"反城市"心态，也就是这里所提到的"刻意构建的叙事"。——译者注

性理论框架下，可以将城市衰落理解为一种分散的、精细的、复杂的现象。这种替代性社区变化理论让规划师认识到城市的问题，但也让规划师规避某种嵌入在城市衰落话语中的必然性。只有从城市衰落框架中的宿命论中解放，规划师才有可能更加积极地思考如何管理人口减少的问题。

接受替代性社区变化理论的规划师或政策分析人员可能会尝试采用上述创造性的政策干预手段，或者也可以选择完全不采取行动。霍赫（Hoch，1996）认为，后现代规划实践的后果是：由于所有的干预措施都以某种方式与权力交织在一起，规划师可能会感到希望渺茫。认同替代性社区变化理论的规划师可能不愿意将城市贴上"衰落"的标签，或者由于需要在受影响社区中操纵各种权力关系而感到胆怯。

事实上，社区发展专业人士（尤其是"社区发展公司"，Community Development Corporaitions，CDCs）的成功，可以归功于他们对替代性社区变化理论的坚守。几十年来，CDC 和基层组织一直在为提升美国最贫困地区的居民生活水平而斗争。在大多数情况下，CDC 不接受有关"社区的衰亡"和"衰亡中的社区"这些传统认知。他们不断地推动这些社区建造新的经济适用房，以此促进社区新的建设与增长。新的运动还在酝酿之中，这些运动认识到了衰落的某种必然性，但却选择以积极主动的方式为这些人口和社会经济变化制定规划。

10　其他以增长为导向的衰退应对方法

并非所有的规划和公共政策都基于宏大的理论，有些公共政策是在面对特殊的社区情况时，所产生的务实的解决方案。在过去 10 年中，出现了诸多应对人口减少的实用政策，例如止赎改革、公私合营（即地方政府、私营部门和市民社会合作，Public Private Partnership，PPP）和土地储备局 ①（Land Bank，又译为土地银行）。它们都体现了一些有关社区演变的

---

① "土地储备"（Land Banking）指美国政府针对土地和房产空置问题，授权通过建立非营利性机构来收购控制房产和土地，并将其储备，以便未来重新投入土地市场。——译者注

图1.5　宾夕法尼亚州默瑟县（Mercer County）的废弃房屋

理论观点。

　　"大萧条"期间曾出现过严重的按揭止赎[①]现象，为了让空置房产重新投入使用，许多州和地方政府致力于加快止赎进程（例如密歇根州和宾夕法尼亚州）（Krohe，2011；Hackworth，2014）（图 1.5）。这些地方主要的政策目标是重新占领空置房屋——这很大程度上是基于社区生命周期理论的反应：由于这些空置房屋会营造出萧条景象，使这类社区越来越不受欢迎，进而可能导致更多的止赎现象；因此，需要将偿还不起抵押贷款的人加紧赶出去，尽快由银行接管他们的房子。基于社区生命周期理论，解决止赎问题干预措施的关键在于，如何尽快重新利用止赎的空置房屋。

　　其次，最近出现了很多促进 PPP 的举措，并在收缩社区取得了一定成

11

[①]　"按揭止赎"（Foreclosure）指当不动产所有者停止偿还银行的按揭贷款时，银行或其他金融机构通过控制房产的所有权来部分抵扣未偿还贷款的行为。——译者注

果（Bernt，2009；Mallach，2010；Hospers，2013；Martinez-Fernandez et al.，2015）。在资金短缺的地方，非传统（非政府）资源填补了资金缺口，空置房屋得以重新利用。

第三个主要的政策新趋势是土地储备。在某种程度上，这个措施跨越了社区生命周期理论和替代性社区变化理论。土地储备局是负责收购和再利用空置和废弃房产的独立法人机构（Krahe，2011；Hackworth，2014；Morely，2015），类似的机构已经存在了几十年。2002 年，密歇根州弗林特市所在的杰纳西郡政府成立了专门针对解决长期人口减少导致的房屋空置和废弃问题的土地储备局（Alexander，2005；Schindler，2014）。在时任郡财政部局长丹·基尔迪（Dan Kildee）的领导下，这个土地储备局推翻了传统的标准做法，将由于拖欠房产税而被政府接管的废弃房屋（大量出现在收缩城市）出租了出去。基尔迪告诉《Slate》杂志的记者："过去的 35 年中，我们一直依赖所谓的'市场力量'解决房屋空置问题，结果如何呢？大家应该都心知肚明"（Young，2010）。基尔迪成功地推动了改革，将近80% 的止赎房产收储入土地储备局，并将一些新的邻近住户和其他业主的房产出售给房地产开发商。在一些机构的帮助下，土地储备局还不定期维护、打理大多数房产，如修剪草坪。

土地储备政策的特别之处在于，它让大量的城市土地退出了房地产流通市场。从理论上讲，这推升了仍在流通中的城市土地的价值。一位城市官员解释道："在弗林特，土地储备局拥有 20% 的房产，并且他们具有一定城市发展的掌控权。我真的认为我们的工作是城市开发的关键。"基尔迪与其他很多地方政府和州政府似乎正在接受替代性社区变化理论。通过将土地从流通环节中退出，他们为城市未来的精明收缩奠定了基础。

12 自上而下的精明收缩

精明收缩并不是一个新概念。近 80 年来，全球很多城市已经实施了各种相关政策，成效好坏参半。接下来，我会介绍几个精明收缩的案例，他们采取的措施有一个共同点：都以自上而下的方式进行规划和实施，并很少考虑使用当今已被广泛接受的自下而上的规划和政策方法。

在第二次世界大战爆发前,英国某地方政府官员曾制定过一些政策,试图废弃一些煤矿枯竭的小城镇(Pattison,2004)。在类似精明收缩的基本指导思想下,英国政府注意到部分区域出现了普遍的失业和人口减少现象,并希望通过缩减住房、街道和其他基础设施的供给来匹配较低的就业需求。这些自上而下的措施招致了激进分子和当地居民的强烈抵制,在仅成功拆除一个村庄后,这项计划就被迫中止了。

20 世纪 60 年代,纽约市政府在"分诊式规划"[①] 和"计划性收缩"的旗号下制定了类似的计划。在纽约处在人口收缩、税收下降的财政困难时期,市住房署官员罗杰·斯塔尔(Roger Starr)提出了一项措施,计划将贫困人口的住房征收并拆除,同时在纽约市最具经济活力的地区进行投资开发(Sites,2003)。斯塔尔的政策引起了政治骚动,最终被撤职下台,但是,他的计划性收缩的想法却存续了下来。20 世纪 70 年代,当纽约市再次面临有史以来最严重的财政危机时,计划性收缩再次获得了政策精英们的青睐。华莱士(Wallace and Wallace,1998)详细地记录了纽约市与兰德公司共同策划的一项政策,计划在该市人口减少最剧烈的地区关闭数十个消防站。他们的研究表明,计划性收缩思路下的这项措施与随后猖獗的纵火及公共卫生事件之间存在着很强的因果关系。随着消防站的减少,纵火犯变得胆大包天,因为他们完全不担心火灾会被扑灭。在贫困社区中关闭消防站的政策体现了自上而下精明收缩政策的局限性。

分诊式规划也并非只出现在纽约,20 世纪 70 年代,施密特(Schmidt,2011)记录了分诊式规划方式在密尔沃基的实践,其结果同样表明,"主要投资可挽救的社区,而勾销无法挽救的社区"这一做法非常危险。安东尼·唐斯(Downs,1975)是分诊式规划的主要支持者之一,他将社区分成健康的社区、开始衰退的社区和不健康的社区。对于不健康的社区,唐斯建议

① "分诊式规划"(Triage Planning)指根据城市不同地区的基本特性,区分不同类型,制定不同的规划政策,类似医院的分诊环节,根据患者的病因将其分发不同的科室问诊。——译者注

"以加强职业培训、提升社会服务和拆除劣质住房为工作目标。"（Schmidt，2011，第 572 页）对于密尔沃基那些不健康的社区来说，市政府声称将致力于维护空置土地、改善公共环境，以及"消除零散分布的衰颓地区"——这些都是"拆除"的一种委婉说法。此外，为了防止在空置土地上非法倾倒垃圾，纽约市在其临街面修建了物理隔断（2 英尺高的木质和混凝土路障）。

当代美国城市中的精明收缩实践，再一次体现了过去自上而下规划的潜力。以扬斯敦（Youngstown）的创新性总体规划为例，虽然该规划的编制过程是自下而上的，但其迄今为止的规划实施却是自上而下的（Schatz，2010；Krohe，2011）。基于我对扬斯敦地区的调查研究（Hollander，2009），政府划定社区边界的主要目的，是为了限制公民参与精明收缩策略的制定过程。政府通过划定出居民稀少的社区，使城市官员能完全操控土地使用决策。近期的公众宣传活动似乎开始逐渐偏离这种自上而下的语境，但是，扬斯敦的市长杰伊·威廉姆斯（Jay Williams）很早就开始公开吹嘘过一项计划，即通过支付补偿费的方式劝离收缩社区的原住民——甚至暗示可能会使用政府的土地征用权，由此可见该措施的基调（Schatz，2010）。

最近，扬斯敦在总体规划实施方面取得了一些进展，运用开发控制指标和建筑设计规范等方法更灵活地提供更多的再利用、再开发可能（Morely，2015）。在《城市兴衰启示录》（*Sunburnt Cities*）一书中，我首次介绍了"弹性区划"（Relaxed Zoning）①工具。在之后发表的一篇论文中，我又进行了拓展说明（Pantalone and Hollander，2012）。这个概念非常具有参考价值，说明了收缩区域可以通过灵活和动态的区划方法实现复兴。在人口开始减少的社区，地方政府可以适当放宽"区划控制"（即放松土地利用管控限制），激励住宅用地及建筑用作非住宅用途——通常情况下，这种用途转换在纯住宅区内是被严格禁止的。

---

① "区划条例"（Zoning Ordinances），是政府针对城市土地利用制定的管理要求细则，对土地利用类型、强度等指标进行规定，类似我国规划体系中的控制性详细规划指标。——译者注

2 起源与发展

柏林墙倒塌后，大量的移民在过去几十年中从前东德地区迁居到西德 14
地区，导致东德国城镇人口减少。基于此，"德国联邦文化委员会"（the
German Federal Cultural Council）在 2004 年资助了一个以艺术为基础的"收
缩城市项目"（the Shrinking Cities Project）（Oswalt，2006）。项目举办了国
际创意竞赛，激发了许多关于如何让城镇精明地收缩的新想法，定义了问
题范围并概述了政策和规划响应的界限，初步勾勒出了精明收缩的面貌。

紧接着，收缩城市项目在全球几十个城市中举办了巡回展览，传播
这些新颖的想法。该项目引发了诸多研究机构的关注。2005 年，肯特州
立大学（Kent State University）资助举办了一场收缩主题的会议。2006
年，加利福尼亚大学伯克利分校（University of California，Berkeley）成立
了一个新的研究组织（即"收缩城市国际研究网络"the Shrinking Cities
International Research Network，SCIRN），并召开了以"全球视野中的收缩
城市"为主题的会议（Pallagst，2008）。

然而，在学者和艺术家们"赞颂"收缩的时候，大众媒体却迟迟没
有跟上脚步。事实上，在德国收缩城市项目完成之后的很多年里，媒体仍
在使用落后的话语——衰退是城市的死亡。《福布斯》杂志特别喜欢评选
"最好……"和"最差……"，例如最富首席执行官、最好度假地点、最
差工作地点等。该杂志在 2008 年 8 月刊出了"衰亡最快的城市"排行榜
（Zumbrun，2008）。纽约州布法罗（Buffalo）、俄亥俄州坎顿（Canton）、西
弗吉尼亚州查尔斯顿（Charleston）、俄亥俄州克利夫兰（Cleveland）、俄亥
俄州代顿（Dayton）、密歇根州底特律（Detroit）、密歇根州弗林特（Flint）、
宾夕法尼亚州斯克兰顿（Scranton）、马萨诸塞州斯普林菲尔德（Springfield）
和俄亥俄州扬斯敦（Youngstown）均榜上有名。

在被这样的"标签"伤害并刺激之后，俄亥俄州代顿的一些激进分子
决定反击。2009 年 8 月，他们召集了上榜城市的地方官员和活跃人士共同

参加"福布斯十大衰亡最快的城市：专题讨论和艺术展览"。来自其中八座城市的 200 多人参加了这次活动，展示他们所在城市的美好和活力，例如城市精神和激情。这些宝贵的城市特质在福布斯的统计分析中显然是缺失的，也很难用简单的数据进行量化。代顿市的一位城市规划师提出用一种收缩城市的方法进行城市规划："我们的城市面临的未来，与我们过去所熟知的情景不同。我们无法再创造一个'20 世纪 50 年代或 60 年代的代顿'。"（Hollander，2011c）

15 在"衰亡城市"的喧嚣爆发前几年，"布鲁金斯学会"（the Brookings Institution）曾试图将衰落城市称为"弱市场城市"（Weak Market Cities）。这一概念引起了一些人的关注，并在一定程度上重构了关于人口减少的话语体系（Burnett，2003）。最近，布鲁金斯学会发布了两部关于联邦政府应当如何应对收缩的报告（Mallach，2010），还发布了一部专门针对俄亥俄州地方政府和州政府的政策指南（Mallach and Brachman，2010）。

布鲁金斯学会的联邦政府报告呼吁，需要重新思考在收缩城市中建设经济适用房的政策意义。报告提出了质疑：在居民能完全负担得起住房市场价格的地方，政府仍然在提供受财政补贴（通过低收入税收抵免计划）的经济适用房，意义和价值到底在哪里？报告还指出，由于联邦政府的财政补贴政策，导致新建的经济适用房在一些地区大量涌现，然而，这些地区最迫切需要的却是减少住房数量，以匹配由于人口数量减少而萎缩的市场需求。

马拉赫（Mallach，2010）还批评了美国住房和城市发展部（Department of Housing and Urban Development，HUD）的政策，认为他们在制定年度综合规划时没有很好地考虑未来人口的变化。马拉赫（Mallach，2010）呼吁 HUD 在制定新的社区政策时，应当"围绕人口流失的现实，重新制定有关土地用途变更和经济活动布局的针对性战略措施"（同上，第 27 页）。布鲁金斯学会有关俄亥俄州的报告与联邦报告主题相呼应，增加了有关提高州和地方政策促进城市农业和土地储备必要性的内容。

"联邦储备银行"（The Federal Reserve Bank，FRB）也在操弄收缩概念，

以获得潜在的好处。克利夫兰联邦储备银行在 2008 年发布了一份报告，将扬斯敦规划作为优秀范例，呼吁拆除空置房屋。该建议旨在打破经济低迷时期住房市场中的恶性循环。克利夫兰 FRB 声称，适当拆除空置房屋可以打破危机中的恶性循环，是促进社区稳定的有效途径。换一个角度看，这是项非常激进的政策建议，毕竟它所提议的，是拆毁尚可以满足社会某种住房需求的优质建筑物。然而，收缩城市的核心理念是：维持社区住房市场供需平衡的需求必须优先于增加经济适用房储备的政策要求。克利夫兰 FRB 和布鲁金斯学会的报告都表明，如果我们不能通过管理（如通过拆除、改造或再利用）来控制收缩过程中发生的物质环境退化，抑制这些地方整体生活品质的大幅下降，那么即便提供足够的新经济适用房，别人也不会愿意住在这里。

有意思的是，在"重新定义衰退"的问题上，历史遗产保护者引领了全美国的创造性思考。他们建议规划工作围绕历史遗产保护展开，成为实现精明收缩的关键视角。历史遗产保护咨询委员会（the Advisory Council on Historic Preservation）发表了一份关于历史遗产保护和城市"规模调整 ①"（Rightsizing，又译为"合理精简"）的报告——《当前实践和资源调查报告》（Current Practices and Resources Survey）（Bertron and Rypkema，2012），详细阐述了地方政府对规模调整、精明收缩和历史遗产保护的态度。几年后，报告促使了"保护与规模调整研究网络"（the Preservation Rightsizing Network）的创建，并赞助了相关领域的活动开展。

近年来，欧盟为解决人口减少问题资助了大量的研究项目和政策分析工作，基于此，欧洲围绕收缩城市开展了大量学术交流。其中，著名的"精明收缩"（Shrink Smart）项目在 2009—2012 年期间非常活跃，举办了各种活动，全面研究整个欧洲的人口减少问题。同样，欧洲经济合作与发展组织（OECD）也在大约同一时期，以"人口变化和地方发展：收缩、更新

---

① "规模调整"（Rightsizing，又译为"合理精简"），指在人口收缩的城市，通过减少基础设施和公共设施配套规模，使城市的运行成本与实际减少的人口规模相匹配，是一种城市通过精简机构主动适应更小人口规模的政策举动。——译者注

和社会互动机制"为主题开展了一项深入的研究项目。该研究的成果之一也是本书第 2 章的重要参考文献。

3 本书的结构

在本章对收缩城市的基本知识图谱进行了简要概述之后,接下来的六章将涵盖收缩城市研究中的各个子领域。第 2 章到第 7 章将对每个子领域的特定主题、相关问题和悖论以及可能的研究选题进行概述。在每章最后的结论部分,本书讨论了研究人员可以用来探索这些问题的方法,并深入地分析了一个研究示例。这些子领域包括:区域视角、聚焦地方、社区行动、城市中心、社会公平和度量成效。在本书的末尾,我回顾了已在探索中的研究主题,并展望了未来,预测了收缩城市领域未来的重要发展趋势。

研究增长中的城市相对容易。研究者可以参考房地产开发、工程师、建筑师、景观建筑师、地质学家、银行家和律师的相关知识。这一批人也是一个由乐于研究增长、蔓延等扩张问题的学者、科学家和政治领袖组成的"增长机器"[1]。但是,收缩城市研究没有这样强大的后备研究团队支持。本书旨在给研究者在探索收缩城市中的相关问题时提供有效的支撑。我希望本书能帮助其他收缩城市研究者更好、更严谨地回答前述问题,并得出有效的、可靠的且可推广的研究结论。

注释

[1] "增长机器"指洛根和莫洛奇在 1987 年出版的开创性著作中提出的相关概念。

第 2 章　区域视角

2011 年，我出版了《城市兴衰启示录》（Hollander，2011c），讲述了
经济大萧条对美国居住社区造成的严重破坏。2008—2010 年，我为撰写它
进行了基础调研。很多经济学家认为这一时期是自 20 世纪 30 年代经济大
萧条以来美国经济的最低谷。由于受到按揭止赎以及随之而来的房屋空置
和废弃的重创，全国各地的社区都受到了超出他们掌控的经济大环境恶化
带来的严重冲击。在此之前，我一直致力于研究美国"铁锈地带"城市，
分析其管理人口和经济衰退的方式。在调研中，我发现很多故事都是关于
离开布法罗（纽约州）或底特律（密歇根州）这样的地方，移居至有温暖
气候的美国南方的"阳光地带"。国家中某个地区（南部和西部）的崛起，
以另一个地区（东北部和中西部）为代价，这样的故事适合拍成电影。实
际上，迈克尔·摩尔（Michael Moore）在他广受好评的纪录片《罗杰和我》
（*Roger and Me*）中，通过在密歇根州弗林特（Flint）的经历讲述了这样一
个著名的故事。

这个故事中有好人也有坏人。故事有像佛罗里达和亚利桑那州享受阳
光的精神，也折射出后工业时代"铁锈地带"城市悲惨、失败的现实，同时，
这也强化了大家对它们的刻板印象（Beauregard，2012）。然而，现实比这
些故事还要复杂。

的确，有很多证据足以支撑这个"故事"（Glaeser and Tobio，2008），
但在每个"地带"内，不同城市的经历和结果也存在差异。正是这些差
异激励我开始研究和撰写《城市兴衰启示录》一书。甚至在经济萧条全
面爆发之前，我就已经发现摩尔笔下这个典型的收缩城市弗林特也是个充
满多样性的案例。放大到更大的区域尺度（弗林特所在的整个杰内西县

图2.1 在密歇根州弗林特的这个社区，房屋及草坪得到了很好的维护，甚至在房屋拆除掉以后的地块，周围的环境都维持得很好

Genesee）观察，我们会发现增长和衰退、繁荣和贫困并存。城市内部也同时存在富裕的社区、稳定的社区和贫困的社区（图2.1、图2.2）。有意思的是，人口变化有时与一个社区的发展状况有关，有时也没有关联（Hollander，2010）。当然，定义"发展状况"也是一个挑战；研究者需要作出关键选择，才能正确地定义什么是发展状况良好（详见第7章）。

19

在弗林特的实地考察使我明白一件事：与其他任何地方一样，弗林特也面临区域协同这一挑战性问题。在众多参与城市规划的市政府机构（包括公共工程、经济发展、社区发展、城市规划、环境和市长办公室等）、区域政府机构以及周边郊区和远郊的其他地方政府之间，没有形成有效的区域规划合作，少数几个区域规划看上去也没有什么实际的实施进展。

由于经济大萧条的情况还在不断恶化，我决定试着研究加利福尼亚州、

图 2.2 密歇根州弗林特市社区很多废弃多户住宅常被故意纵火或意外着火

内华达州、佛罗里达州以及美国南部和西部其他地区那些常年增长的城市，分析它们如何被经济衰退影响，以及它们的规划应对方式。在进行这项研究时，我需要限定我的研究范围。由于阳光地带的城市边界在不断变化（Rusk，1995），我决定将研究聚焦于正经历收缩的大都市地区核心地带的地方政府（例如凤凰城、奥兰多城和弗雷斯诺城）。

    这一决定使我有了清晰的研究目标和研究方法。三年后，我完成了该研究项目。在此期间，我进行了几十次采访，访问了研究区内的多个社区，分析了数以千计的变量和数据。那本书很受欢迎，还登上了《今日美国》（*USA Today*）商业版的封面。总之，我描述了一个新颖且值得关注的问题（阳光地带的城市收缩），并且提供了明智的解决方案，以帮助这些城市学习"铁锈地带"城市应对城市衰退的经验。

20

21 人们对于那本书的评价并非十分正面。有一条评论尤其严苛，评论家没有说什么好话，而是痛斥我忽视了这些正在衰落的城市的区域背景。这是一种很严厉的抨击，因为我曾是一名区域规划师，而且多年来一直在教授关于区域规划的研究生课程。

评论家的观点也有部分是正确的。我的研究的确是以地方政府为分析单元，而不是都市区。我当然也有充分的理由这样做，因为区域规划在美国较为罕见，且现有的区域规划基本都是参考性的，没有太大的执行力，编制资金也不足。由于区域规划千差万别，在进行交叉案例研究时，很难在不同的城市之间进行横向比较。于我而言，将地方政府作为分析单元是一个更好的选择。但是，那条批判性的评论一直萦绕在我的心头，激励着我写下这一章内容。区域背景的确很重要，如果我能找到方法将这一视角带入到研究中，《城市兴衰启示录》中的研究可能会更加深入。

本章综述了两类与区域视角相关的文献：1）人口分析及预测；2）城市—郊区—乡村发展互动机制。随后，我将简要总结关键研究问题，并回顾分析这些问题的研究方法。最后，本章深入分析了一个区域收缩研究案例：欧洲经济合作与发展组织（OECD）2012 年发布的《人口变化和地方发展》（2012 *Demographic Change and Local Development*）（Martinez Fernandez et al.，2012c）。

1　人口分析及预测

每一位严谨的学者都会将质疑假设前提视为日常工作，就像卡车司机会检查油位和轮胎压力一样。这是对研究者最为基本的要求，也是学术基础训练之一。当研究收缩问题时，学者首先要检验支撑这一概念的假设前提是否合理，这至关重要。首先，必须确定在研究地区中正在变化的变量。是人口变化？住房变化？还是经济变化？每一类变量背后都有一系列相关
22 文献，每一类都有更繁杂、详细的变量子集。例如，在经济学文献中，经济衰退可能意味着总就业人数的减少，或是失业率的增加，也可能是企业

总数或企业总收入的下降。

因此，把一个地区界定为收缩区域并非易事，必须首先限定一个符合你自己工作能力的研究问题、方法和数据范畴。我经常使用的是"研究三角"（Research Triangle）框架，也常向学生强力推荐。读了不少关于研究方法的书后，我认为这个框架是最清晰和实用的。2004 年，时任罗格斯大学（Rutgers University）博士项目主任的戴维·利斯托金（David Listokin）教授把此方法传授给了我和研究生同学。[1] 根据他的解释，每个研究项目都包含三个要点（就像三角形的三个端点）：数据、方法和问题。当你开始新的研究项目时，你可能有一个亟待解决的问题。那很好，你将该研究问题置于三角形的一角；接下来，你必须寻找能够帮助你解答该问题的方法和数据。研究设计就像是创造一个稳定三角形，可能需要你调整、旋转或扭转，直到三角形的三个部分都很好地结合在一起。这个过程意味着有可能需要调整研究问题，以适应可获得的数据；或者有可能需要放弃原定的方法，因为它们无法解决设定的问题。调整是一个迭代过程，甚至在前期研究和数据收集与分析的早期阶段就需要进行。通过不断地改变和调整各个部分（问题、方法和数据），直到研究框架具有一致性和协同性。

有些研究项目可能开始于数据。例如，某政府机构要求分析其所掌握的人口统计数据。有些研究甚至可能开始于方法。例如，大学采购了新的3D 虚拟现实器材，并希望你使用它。

回到收缩城市的区域视角话题，你在开展研究项目时可以应用"研究三角"检验各种概念的定义。举个例子，你正在与日本的收缩乡村地区合作，地方政府请求你帮助寻找防止年轻人外迁到附近城镇的方法。当你思考"要回答的问题、可获取的数据、将运用的方法"时，也务必关注如何定义收缩。在这个例子中，地方政府知道现状存在某些问题，而你需要小心地正确度量这些问题。简单比较人口特征的时间变化是否足够呢？如果够了，在什么时间跨度下比较呢？在城市研究和规划领域，我们倾向于依赖最容易获得的统计数据。但是，这些统计数据可能无法正确反映我们正尝试理解的现实。

在这个日本乡村的例子中，比较几十年来 30 岁以下居民的数量也许可行。还有什么能帮助我们解释这种现象呢？离开乡村的人中是否有性别特点？有没有办法追踪他们的去向（例如从住址邮政编码记录的变更分析）？最后，你如何确定研究聚焦的地理区域？研究单个地方政府就够了吗？还是需要更大的区域视野？是否需要对更细微的地理单元开展研究？例如，是否有些邻里或街区的人口流失问题更突出？

人口统计学是一个很重要的领域，我想让大家开始思考，进行这样的研究需要做出的很多关键选择——比如变量、时间和地理区域。这些决定将影响你进行的研究，并将影响你使用的方法和数据。如果从区域角度分析人口数据，一些隐藏的模式就会显现出来，而且，也会更容易理解一个更为广泛的经济体系是如何运作的。

很多学者都认为，大都市区是涵盖重要经济和就业活动、房地产市场和交通通勤区的地域范围，是最理想的经济分析单元（Kotkin，2000；Seltzer and Carbonell，2011）。事实上，任何地理尺度的人口研究都应该包括区域视角。

通过人口统计数据分析，我们能从对过往发展趋势的分析理解中，形成对未来趋势的预判。当研究正在经历衰退的地区时，发展趋势分析可能预示其将会持续衰退——当然，也可能预示不会。

就像任何人口统计分析一样，最初的前提假设会影响最终的预测结果。最简单和直接的方式是基于过去的数据进行线性趋势预测。例如，通过过去每年的人口统计数据来预测未来总体人口水平波动。假设某小镇过去每年平均流失居民 1000 人，那么根据线性预测，该小镇明年的居民数量也非常有可能减少 1000 人。但是，这个分析中的前提假设是否正确呢？作为一个学者，不应该满足于这样简单的预测模型，就是应该质疑一切！也许小镇 2007 年的人口流失是由于轮胎工厂上一年的忽然倒闭；也许这座城市在 2000 年之前还经历过人口急剧增长的时期；也许下个月，小镇将建成一个新的国家公园，这可能会吸引很多新移民的到来。

当依赖别人的预测结果时，就可能会遇到另一个问题：评估未来的事物会受到现实中的政治动机影响，使得预测结果失去客观性和准确性。我曾在其他书中谈及该观点。在 2008 年前后，凤凰城（基于增长主义思维）曾经预测该区域人口将爆发性增长，却从未想过经济大萧条会对美国西南部的城市发展产生如此大的冲击。[2] 同时，我在与伯纳德·卡希尔（Hollander and Cahill，2011）合作的一项研究中，预测了纽约州布法罗地区的人口增长情况，发现康奈尔大学研究人员的预测结果（衰退）和城市规划师在《区域增长框架》（*Framework for Regional Growth*）中所展望的地区未来远景（增长）并不匹配。

撇开政治因素不谈，系统的、客观的人口预测可以帮助决策者了解在不同前提假设下城市未来发展的不同情景。例如，过去平均每年减少 1000 位居民的小镇，也并非意味着将来必然出现类似的情况。相反，这可以作为未来一系列情景分析的基础，在其中某些情景下人口会下降，某些情景下人口会增长，还有些情景下人口会维持不变。分析者能够从中得到的收获，是考虑了每一种未来情景发生的可能性，并权衡每种情景可能带来的机遇和挑战。根据我的经验，人口减少的危害要比人口增长的危害更严重。因此，进行人口预测将有助于城镇综合考虑未来发展中的各种可能情景，并为城市规划的制定提供参考。作为研究者，同样可以通过充分的、质疑性的人口统计分析，从过去的发展趋势中，得出对未来发展走向的精确预测。

在"收缩城市"的特定语法结构中，"收缩"（shrinking）是个分词，是修饰名词"城市"（cities）的动词形态。"shrinking"在此处为现在分词，是现在时，与卡琳娜·帕拉格斯特（Karina Pallagst）编著的书《收缩城市：国际视角和政策影响》（*Shrinking Cities*：*International Perspectives and Policy Implications*）中的"shrinking"相同（Pallagst et al.，2014）。从语法逻辑看，使用现在时"shrinking"蕴含着"未来收缩"的意思。相反，如果大家普遍采用的是"shrunken cities"，则说明未来是未知的，还有待于进行相应的预测，来确定未来是否收缩。因此，当我们用"shrinking cities"描述一个地方正在收缩，既是在描述现在的发展状态，也是在通过推断描述未来的情况。人口数据至少是一年以前的数据 [3]，所以很难确定此时此刻的城市是否正在收缩（现在进行时的"shrinking"）。

这些可能只是言辞上的技巧，但是，我认为语言非常重要。当研究一个地方的人口情况时，研究者要非常谨慎地对待分析中的概念定义和术语使用。[4]

2 城市—郊区—乡村互动机制

当我们从区域层面研究收缩城市时，人口视角为研究城市衰退时出现的变化提供了重要背景。城市衰退到底意味着什么？衰退的程度是多少？衰退的时间跨度有多长？在哪里出现了衰退？这些都是研究者需要面对的重要问题。基于此，我给出"区域视角"的第二个维度：解析城市—郊区—农村互动机制内在的悖论。本节中，我将讨论研究者针对这个悖论，如何展开相关问题的研究和探索。

让我们回到最原本的状态，设想一片由农民照料的开阔田野，远处是连绵起伏的森林山丘。安野光正（Anno, 1997）所著的绘本《安诺之旅》（*Anno's Journey*）也是基于这样假设的场景。故事的开始，一位快乐的农民心满意足地生活在堆满简陋农具的茅草屋中。翻到下一页，大约 50 年后，围绕着这个不起眼的农场，一个小村庄发展起来。如今，房屋更加牢固，泥泞的土路在农民房屋和少数工匠住的棚屋之间穿行。再翻一页，村庄已发展为小镇，镇中心有一个热闹的市场。小镇上修建了新的基础设施，从附近的磨坊中为小镇输送自来水和电。故事的结局不难预期，历经数百年的时间后，原本农民的一小块土地最终快速发展为一个巨大的现代化大都会。

这本图书令人印象深刻，其主要以中世纪欧洲的城市发展历史为基础，构建了一种城市发展的模式：萌芽、成长、壮大、现代化，并不断进步。[5]即便是放在当代语境下，当思考人类聚落增长方式的时候，《安诺之旅》仍具有代表性。但遗憾的是，还没有出现任何像《安诺之旅》这样的儿童读物，去聚焦"衰退"这一冒险的主题。原因很简单：衰退很复杂。当城市经历衰退时，不好的事情就会发生，而且其中很多都是很细微的变化。空置的房屋可能被毒贩和娼妓占用；空置的土地可能会长满杂草灌木，可能还有人半夜将垃圾非法地倾倒在这里。高空置率会减少房产税，使地方和区域政府难以提供正常的公共服务，有时还会加剧垃圾收集及其他公共服务的财政支出。

这些故事都不适合画成儿童读物，同时，解决人口衰减带来的问题也不是儿戏。历史上，世界上大多数国家应对衰退的常见的方式是进行对抗（见第 1 章）。如果能行得通呢？如果衰退真可以逆转呢？这对城市周边的郊区和农村意味着什么？事实上我们并不清楚。在某些情况下，一座城市的复兴（即逆转衰退）可能会以牺牲原本稳定的郊区为代价。同样，20 世纪北美城市的增长是以牺牲农村地区的发展为代价的。

美国的许多城市规划和政策实践都专注于预防或缓解"绅士化"（Gentrification）。对于纽约和旧金山这样的城市，这项工作涉及留存足够多的经济适用房和社区基础设施（宗教场所、社区中心、有文化特色的餐饮）（Smith and Williams，1986；Smith，1996；Freeman，2006）。几年前，当我访问俄亥俄州的扬斯敦市并拜访城市领导时，他们更关心的是提高财政收入和人口数量，而不是解决绅士化问题。当前的底特律就是一个典型案例。底特律目前的人口总数还不到 1950 年人口峰值的 40%，城市中有成千上万的废弃建筑，并且，这个城市正在经历绅士化（Gallagher，2010）。在少数绅士化社区中，住房租金正在上涨，流离失所的人即将出现。对于收缩城市研究者而言，底特律的故事可以简略概括为：城市中心地区的人口大规模、持续地减少，郊区和农村地区的人口增加，以及中心城区部分地区开始出现绅士化现象（图 2.3、图 2.4）。区域视角在此不可或缺，它为研究城市变化提供了一个综合的分析框架。目前，尚没有出现一种通俗易懂的方式能够很好地解释底特律（或者说世界上大多数类似地区）的这种城市发展现象。这些地区总是经历了持续的、社会性的建设、重建和拆建过程，让某些地区比其他地区发展得更好。换言之，在任何一个大都市系统中，总有赢家和输家。对于收缩城市研究者来说，他们的目标是接受这种复杂性，记录并分析它，并要时刻不能忘记去回答最初设定的研究问题。

图 2.3 密歇根州底特律的奥克伍德山庄（Oakwood Heights）社区

图 2.4 位于密歇根州底特律市中心的马蒂乌斯校区公园（Campus Martius Park）
摄影：若代勒（Jodelli）（授权使用）

3 研究选题

区域视角为收缩城市研究领域在思考许多关键的研究问题时提供了素材。本章前面介绍的问题和悖论为许多研究问题提供了灵感，这些问题迄 28 今未在学术文献中得到解答。

关于概念定义，急需探讨的关键问题包括：

- 衰退的内涵是什么？
- 其在城市规划和政策实践中如何运用？
- 收缩、增长和稳定地区的居民分别如何看待衰退？
- 以何种地理尺度考虑衰退最合适（社区、地方、区域、国家）？

未来总是一个令人着迷的话题，尽管它几乎不适用于实证研究。更确切地说，它仅适用于历史趋势预测研究，以及检验预测结果在当下的准确性的研究。

- 以往的预测中，预测收缩城市的增长时设想了哪些前提假设？
- 这些预测存在什么问题？
- 除了官方的预测之外，收缩城市的居民对未来的态度曾经是什么样的？
- 这与居民当今的态度是否一致？

俄亥俄州的扬斯敦编制了《扬斯敦 2020》（*Youngstown 2020*）规划，最终与不可能重新繁荣的现实达成妥协，并因此而闻名于世。

- 那么其他城市的情况怎么样？ 29
- 如何才能真正地、恰当地接受衰退的现实？

农村—郊区—城市互动机制的复杂性意味着，能够揭开这个谜团的研究问题是非常有价值的。即便是非常细微的进步，也会为收缩城市研究领域作出很大贡献。

- 政府、非营利部门和私营部门在塑造和管理城市变化中都扮演什么角色？
- 特定参与者、地方领导者、业主和租客在空地和棕地再利用过程中的作用？

这些都非常重要。研究城市、郊区和农村地区的公司、组织、个人之间的经济、政治和社会关系可以帮助我们更好地理解网络关系，并探索特定地区发展超前或发展落后的原因和方式。这也是个极具学术价值的研究问题。

4 研究方法：经济基础分析、人口统计分析

为了更好地解答这些研究问题，标准的定性和定量研究方法仍然是有效的。例如，采访地方领导者、调查企业主和分析人口数据库中的数量关系。在本节中，我将为这一类型研究问题给出更具针对性、更复杂的方法。在研究区域发展的经济健康水平时，"经济基础分析"（Economic Base Analysis）[①] 是一种广为人知、备受推崇的方法。其核心思想是，将地区中的每个行业部门与另一个地域范围（通常是整个国家）的行业部门实力进行对比。例如，如果研究大都市波士顿，经济基础分析有助于了解该地区的高等教育资源与全美国平均水平相比有多强。因此，研究者

---

① "经济基础分析"（Economic Base Analysis）是罗伯特·黑格（Robert Haig）在 1928 年分析纽约区域经济发展时使用的方法，它将城市经济部门划分为"基本经济部类"和"非基本经济部类"，前者向城市外输出产品和服务，后者服务本地方的需求，其中基本经济部类被认为是形成城市竞争力的关键，常见分析方法有下文所举例的区位熵分析。——译者注

可以通过计算基尼系数，分析波士顿高等教育行业相关就业的比率（相对于其他行业）与整个美国高等教育行业相关就业的比率（也与其他行业相比）的比值。

经济基础分析可以针对特定地区的所有行业开展，可以帮助筛选出在区域发展中具有相对优势的"出口导向型"或"基本经济部类"行业。这些行业能为地区经济发展带来"乘数效应"（Multiplier Effect），创造一系列非基本经济部类的公司和就业，例如会计师、律师、办公用品商店和餐馆等，反过来再次支持城市的基本经济部类企业发展。

这种区域经济视角既可以用来描述大都市区的发展特征，也可以用来预测就业情况。虽然导致人口衰减的原因很多（见第1章），但是，就业减少常被视作最主要的影响因素。当一个地方没有工作机会，人们也就随之离开。

同样，人口预测可以成为研究地区未来变化趋势的分析工具。首先，明确分析前提假设，运用"趋势分析"（如上文所述）或更复杂的"代际演替分析"[①]（Cohort Survival Analysis）方法，研究人员可以将经济分析与人口分析相结合，准确描述地区过去的人口变化，并有可能预测未来的变化趋势。我在收缩城市领域的许多工作都聚焦在土地使用问题上，分析如何让废弃的空间资源重新得到利用。上述经济和人口分析工具有助于我了解城市发展变化的背景，为此类土地利用和住房研究奠定基础。

在研究土地利用和住房问题时，获取高质量数据很困难，获取长时间跨度的纵向数据更加困难。卫星图像在大部分地方都可以获得，有些地方还可以拿到建筑轮廓数据。我曾用人口普查数据研究土地使用、住房占用和空置状况，取得了极大的成功。我在几篇期刊论文和《城市兴衰启示录》（Hollander，2011c）中，提出"占用住房单元密度"（Occupied Housing

30

[①] "代际演替分析"（Cohort Survival Analysis）是通过计算不同年龄层的人口数量和结构推演随时间发展的人口代际变化，并加入出生人口和移民变化计算后，最终精准预测人口变化的分析方法。通常绘制人口金字塔图。——译者注

Unit Density）的概念，用以分析正经历房屋空置和遗弃的居民区。这个想法源于：很少有政府机构专门收集有关空置、废弃房屋或空地的数据，但他们通常非常详细地监测着区域内住房单元的数量。

"美国社区调查"（the American Community Survey）追踪了住房单元的占用状态，并且提供了相当精确的地理位置（大多数地方详细到街区尺度）。此外，美国邮政服务（USPS）也收集了住房占用数据，将其作为日常运行记录的一部分。同时运用这两类数据彼此校核，就可以识别出正经历房屋空置和废弃的社区。

5　研究范例

2012 年，OECD 发表了研究报告：《人口变化和地方发展：收缩、更新和社会发展互动机制》（*Demographic Change and Local Development*：*Shrinkage*，*Regeneration and Social Dynamics*，Martinez-Fernandez et al.，2012c）。这份长达 310 页的报告详细介绍了部分 OECD 成员国的城市和地区如何应对人口减少，以及哪些措施是有效的，哪些是无效的。OECD 是总部设在巴黎的自愿成员组织，由欧盟、日本、韩国、澳大利亚、土耳其、以色列、智利、美国和加拿大组成（Martinez-Fernandez et al.，2012c）。OECD 没有特定的政治倾向，但其主要代表成员国的经济和发展利益，因此，该研究项目围绕收缩开展分析是一个相当大胆的尝试。

这份报告汇编了来自 20 个 OECD 国家的案例，都由知名学者参与研究。本节中，我将分解该报告的内容，探讨报告如何证实或反驳本章提出的观点。

报告题目第一个关键词是"人口"，正如我所建议的，研究收缩城市需要密切关注人口变化指标和区域背景。马丁内斯—费尔南德斯（Martinez-Fernandez et al.，2012c）同时分析了地方（特定人口统计区）和国家（作为区域背景信息）指标，评估过去的变化，并预测未来可能的变化。报告使用以下变量：人口变化、生育率、青年人口数量和老年人口数量（同上，第 16 页）。报告还将"经济参数"纳入分析中，将经济因素视为人口减少的主要驱动因素之一（与移民和生育率并用）。

马丁内斯—费尔南德斯（Martinez-Fernandez et al.，2012c）提出了一个重要视角：承认研究人口减少影响所选取的变量是完全主观且易被操纵的。因此，他呼吁地方官员、收缩城市居民与更高级别的省级、联邦或欧洲的分析人员密切合作，以确保所采用的数据和指标符合实际情况，并保证其有效性（同上，第 199 页）。

报告内容也凸显了很多本章介绍的研究主题。它通过探索住房市场、绅士化、交通运输和社会经济公平的更新战略，涵盖了收缩城市中最有趣、实用的研究问题——城市—郊区—乡村互动机制。在一个日本的案例研究中，区域视角的优势被阐述得相当深刻（图 2.5、图 2.6）：

图 2.5　日本白川乡的村庄

图2.6 从大阪城楼眺望大阪市区

在日本，村庄、城镇和城市正通过合并实现设施和某些支出的互惠共生。但是，大都市政府则可以通过提供更多具有前瞻性的引导，激励公共和私人利益相关者（市政府、交通运营公司）通过协作来更好地防止城市收缩（Martinez-Fernandez et al.，2012c，第54页）。

在数据和方法上，报告主要依赖于人口普查数据，并结合运用了一些预测分析和制图分析来揭示空间变化趋势。一项针对意大利塔兰托市展开的详细人口统计分析显示，自1981年以来，人口数量持续呈现负增长（Martinez-Fernandez et al.，2012c，第122页）。

报告没有使用详细的经济分析、卫星图和其他实验性数据或方法。研　33
究者成功地用传统的人口统计学和地图分析方法描述了 OECD 成员国家的
城市收缩现象、性质和程度。报告解答了很多重要研究问题——人口为什
么减少？如何影响地方及居民？需要制定什么应对策略？总的来说，该报
告为应用收缩城市研究提供了有效的思考，可以作为类似国家尺度分析的
模板。

注释：

[1] 需要向其他持有该想法的人致歉。在文献的综述中，我无法涵盖所有的已发表资料。

[2] 摘自《城市兴衰启示录》（Hollander，2011c）。

[3] 不包括社交媒体数据，该内容将在第 7 章讨论。

[4] 在期刊文章中（Hollander and Hollander，2008），我讨论过语言的重要性，其后还在
书的章节（Hollander and Hollander，2012），以及特朗普当选后不久的专栏文章中都
有阐述。在胜选演讲中，当选总统特朗普承诺 "修复美国的内城"。对此我在文章中
提出了反驳，挑战了他和他提名的美国住房和城市发展部部长，建议他们修正谈论城　34
市特定地区时所使用的说法（Hollander，2016）。

[5] 通过询问 "如果没有变化，农民的境况是否会更好"，本书的最后对传统的增长观点
提出了挑战。

第3章　聚焦地方

　　上一章讨论了收缩的区域背景，提供了经验学习和讨论的基础。本章将讨论聚焦到对大部分收缩城市来说更加关键的尺度：地方。从"教区"（Parish）到城镇，从城市到"分区"（Borough），地方政府中的组织结构和行政构架决定（塑造并重塑）了对收缩的规划应对模式。

　　虽然区域主义的视角可以提出一些令人信服的观点，但是，地方才是决策的主体，才是正式的、非正式的收缩应对政策和规划制定、实施的尺度。什么是地方？不同的国家和地区对地方有不同的界定。在美国，地方政府辖区既可以小到 6 平方英里的小村庄（例如俄勒冈州的斯塔福德），也可以大到数万平方英里（例如内华达州的埃尔科县）。

　　在大部分乡村地区，县级地方政府履行城市管理的职能，已经接近区域尺度了。在美国城市化地区，城镇划分了更精细的管理尺度。无论哪种方式，从法律上都被视为地方政府层级，需要通过维护基础设施服务、制定土地开发政策和提供应急响应服务等方式，改善辖区居民的生活品质和提升特定地区的吸引力。同样，数以千计的个人和家庭的迁居选择也会影响地方政府的基本运行。如果出现大规模人口外流，将导致地方政府税收减少，并影响地方政府有效提供公共服务的能力。本章将探讨"人口—政府"间的双向影响关系，即人口迁移如何影响地方政府运行？反之，地方政府服务如何影响其对人口的吸引力？同时，本章也提出一系列关键研究问题和研究方法，最后，深入介绍了一个聚焦收缩城市地方议题的研究项目。

　　几年前，我有幸受邀在丹麦的一次会议上发言。我周游了这个国家，并与丹麦城市规划研究所的克里斯蒂安·布劳恩（Christian Broen）共处了一整天。总体而言，丹麦在过去半个世纪中人口增长缓慢，通常每年增速

图 3.1　丹麦哥本哈根的特立尼达提斯综合体（Trinitatis Complex）

不到 1%（World Bank，2016）。但这种发展模式掩盖了人口衰减的巨大区域差异：自 1950 年以来，该国首都哥本哈根内部和周边地区的人口数量增长超过 25%，而其他较小规模城市和乡村地区的人口持续下降（Fertner，2012）（图 3.1）。

在中央政府的调控下，富有的哥本哈根为全国各地的收缩社区提供了资金支持。由于纳税居民慢慢地迁移到丹麦和欧洲经济更发达的地区，北部的地方政府正努力吸引人口回流，以此为提供基本社区公共服务争取资金来源。

2015—2017 年的难民危机期间，成千上万的叙利亚、阿富汗和非洲难民涌入丹麦。丹麦优厚的社会福利极具吸引力。但是，丹麦领导人对这些外国人持怀疑态度，并要求所有难民在获得经济援助之前交出珠宝等贵重物品，这一事件成了新闻头条（Bilefsky，2016）。当人口普遍减少时，这个自称为地球上最幸福的国家正在为如何增长人口而挣扎。

　　丹麦地方政府面临的压力是真实存在的，但丹麦公民也面临着同样的压力。纵观历史上许多地方，种族和地理密切相关。一般来说，欧洲其他地区，对难民的反感情绪通常围绕两点展开：（1）如何保留法国、匈牙利或德国等国家的民族身份；（2）如何在不改变原有社会的前提下容纳这些不同相貌、不同信仰、不同语言、不同饮食习惯的人群。

　　当考虑到人口衰减对当地的影响时，难民危机也展现出新的问题维度。虽然，丹麦和欧洲许多收缩城镇因纳税居民增加而受益，但难民大多数一贫如洗，短期内对稳定财政的贡献仍然存疑（图 3.2）。再加上前文提到的人群融合问题，结果是形成了一系列看似棘手的问题：高质量研究的条件已经成熟！

　　我在康涅狄格州诺格塔克（Naugatuck）河谷进行的研究发现，移民是沿线收缩城镇的福音。安索尼亚（Ansonia）、德比（Derby）和沃特伯

图 3.2　2013 年，美国国际开发署负责民主、冲突和人道主义援助的助理署长南希·林德堡（Nancy Lindborg），在土耳其的伊斯拉希耶难民营与叙利亚难民进行互动

里（Waterbury）等城市都位于诺格塔克河沿岸，靠近哈特福德、纽约和波士顿，区位条件好，在 19 世纪和 20 世纪初都是工业强市（镇）。根据经济数据分析，自 20 世纪 70 年代开始，这些城市受到去工业化的影响，人口开始外迁。同时，外来人口的迁入有效地填补了外迁人口的空缺。从 1970 年到 2014 年，安索尼亚外来人口的增长率达 50% 以上，而沃特伯里和德比的外来人口增长率超过了 20%（根据美国 1970 年、2014 年人口普查数据）。

从 1970 年到 2014 年，这三座城市都经历了毁灭性的经济危机，但由于有外来人口的迁入，三座城市的人口总量都保持相对稳定。漫步在安索尼亚市中心，虽然有很多空置商铺，但商业活动仍然丰富，并且许多商铺招牌用的不是英文标识（图 3.3）。这里很多商店以西班牙语和葡萄牙语为特色商标，出售加勒比风味的特色食品。在这座城市的居民区中，你会发

图 3.3 康涅狄克州安索尼亚市区的主要商业街道

现一些废弃的房屋和一些空置用地，但除此之外，这里仍有保持健康运营的房地产市场，一个两居室的公寓每月租金仍需大约 1000 美元。虽然 20 世纪后半叶该地区大部分就业人口急剧减少，但这里完全不是你想象中的那种鬼城模样。

诺格塔克河谷的这些城镇成功地吸引了新移民，这些移民占据了住房并租下了市中心的高楼。这些持续的移民迁入使得收缩城市的基本公共服务得以维持，如保障教师工资、修补道路坑洼、购买新消防车等。移民对地方财政状况的具体影响方式尚不清楚。有些地方政府在商会或其他非政府组织的帮助下，对外国人表现出欢迎姿态。缅因州的中小城市刘易斯顿市是这方面的典范，它通过地方规划和服务为索马里难民提供协调一致的公共服务（Besteman，2016）。

吸引极具语言和文化多样性的新移民并非易事，需要地方政府进行大量的资金投入。只要移民在新居住地的经济状况稳定下来，地方政府的投资就是有效的。但地方政府的公共投资不仅需要帮助移民过渡到新生活，还要提供（或协调）一系列的基础设施建设，如道路、公共交通、供水、排污和供电。当人口流失时，城市面临的真正挑战是如何同步缩减基础设施，为更少居民提供满意的服务。

以排污系统为例。当人口减少时，曾投资百万建立的地下管道网络和污水处理系统是无法简单缩减规模的。如果城市人口流失了 10%，意味着支付给地方污水处理机构的污水处理费用也会相应减少 10%。但是，该机构的运营成本基本上是固定的，服务人群减少 10% 并不意味着运营费用减少 10%，其费用最多下降 1%。在收入减少的情况下需要继续提供同样的服务，这给此类机构带来巨大压力。

21 世纪 10 年代初，密歇根州的底特律市面临着同样的难题，开始有计划地关闭路灯，以节省能源支出。但是，街道的行人少了并不意味着他们需要的光线减少了，也不代表可以略微变暗些。虽然，底特律市通过关闭路灯、不更换灯泡以及不修复坏掉的灯等方式节省了一部分支出，但同时造成了街道上的公共安全新问题。然而，能支付公共服务费用的居民已经减少了，底特律市政府还能有什么其他选择呢？

在开始讨论研究问题之前，本章提供了一个了解地方政治的窗口。在政治学的学术领域，很难找到太多研究地方政治或城市政治的专家。作为一门学科，政治学在很大程度上倾向于研究国家和国际政治。然而，政治研究在地方层面又非常关键（或至少同等重要）。特别是在收缩城市中，政治决策是影响衰退带来的城市事务决策的主要因素，并在很大程度决定了政府和非政府组织的应对方式。本书第 1 章介绍了精明收缩的概念，即在传统增长导向型经济发展工具之外，为地方政府提供了应对人口减少的新的有效政策框架。但是，在民主体制下，地方政府由选举产生，民选官员需要对选民负责。因此，尽管精明收缩存在合理性，但同时也面临着一些政治困难。

21 世纪初，"德国联邦文化委员会"（the German Federal Culture Council）资助了一项收缩城市国际设计竞赛，成为收缩城市研究的"里程碑"（详见第 1 章）。奇怪的是，整个欧洲政界都十分支持这项行动，而美国地方政府却普遍十分抗拒。几年后，扬斯敦市"精明收缩"总体规划是一个特例。[①] 美国地方政府的官员都非常害怕自己的城市被贴上"收缩"标签。他们会反唇相讥地问道："这不是投降主义思维吗？"美国人总是将衰落视同于失败（Beauregard，2012）。因此，人口衰减的话题是不会被美国民选政府官员所接受的。

在 21 世纪初，杰伊·威廉姆斯（Jay Williams）作为当时扬斯敦社区发展部的主任，获得了基金会资助并启动了该市几十年来的第一个总体规划项目，并借此成就，在 2006 年成功当选为市长（图 3.4、图 3.5）。这个著名的规划登上了《纽约时报》"2006 年百大最有趣的新创意排行榜"，市长杰伊·威廉姆斯的黑白照片也随之登上了《华尔街日报》的封面。

41

---

① 扬斯敦的总体规划首次提出"接受扬斯敦是个小城市的事实，并将基于收缩的人口进行城市规划"的创新理念，获得了很多人的赞赏。——译者注

图3.4　俄亥俄州扬斯敦中央广场（联邦广场）的十字路口

图3.5　俄亥俄州扬斯敦的废弃商店

尽管扬斯敦的收缩规划获得了国际和国内媒体的广泛关注，但很少有人真正理解它的内涵，更不用提把其经验融入自己城市的相关工作中。[1]在威廉姆斯市长登上《华尔街日报》封面的几天后，我接到俄亥俄州托莱多（Toledo）市市长助理的电话。他非常急切且不耐烦地想了解收缩城市到底是个什么东西？我给了一个精准的总结：这座城市努力根据实际情况预测其发展前景，并制定发展蓝图，为更少的人调整城市的物质形态规模。事实上，这位市长助理只是想知道如何才能让市长的照片登上杂志封面，并不打算承认托莱多市正面临的收缩问题。从那以后，我再也没有接到托莱多市市长的电话，该市仍然用增长的视角解决衰退问题。

　　我不想指责他们，毕竟城市总是会抱有吸引更多外来投资的希望，新的全球总部、新的制造业工厂、新的大学选址。只要城市还有一丝发展希望，政治领袖就很难接受和承认城市未来可能出现的衰落事实。

　　事实上，如果预测城市未来可能面临人口流失，那么该预言就很可能变成现实，并且，提出预言本身可能成为预言实现的推动因素。考虑到市长在美国通常被称为"城市的领跑者"，必须理性地、现实地展望城市的发展前景，那么，谁又敢冒这样的风险呢？因此，在政治上保持的乐观态度与第 2 章所讨论的人口预测的现实情况出现了分歧。正如本章的前几节所言，这些都成为值得探究的研究问题。研究人员在这样非常复杂而神秘的情况中，需要解释和分析城市收缩现实和地方政府决策之间的双向影响关系。

1　研究选题

　　本章中，我提出了两个宏观问题："人口减少给地方政府带来了哪些挑战和机遇？地方政府应如何应对人口减少？"聚焦到更具体的地方层面上，收缩城市研究者需要重点关注的问题包括：移民、基础设施、经济发展、精明收缩和地方政治。

　　由本章前一部分（本书第 36–43 页）的讨论，我们可以提炼出一个重要的研究问题：

● 移民如何在收缩城市中发挥作用？

这里有一个悖论：城市的收缩通常是由于缺乏就业机会，如果没有就业机会，那么拿什么吸引移民呢？在对新贝德福德（New Bedford）展开的研究中，我发现移民不抗拒某些极其危险、气味难闻的鱼类加工工作，而当地工人对这种工作不感兴趣。那么：

● 其他地方的情况又如何呢？
● 如果移民愿意做本地人不愿承担的特定工作，移民流动是否就可以遏制人口减少？

2016 年 4 月，《纽约时报》刊登了一篇文章"伍斯特发生了什么？"（*What Happened to Worcester?*），探讨了纽约制造业就业人数下降的原因，并采访了一名伊拉克难民。这位曾经的裁缝充满说服力地表达了对伍斯特的热爱：选择定居这里不是因为它有一般性的城市舒适物（建筑、文化、自然环境等），而是提供了很多工作岗位。的确，如果没有繁荣的就业市场，城市又能如何去吸引移民呢？

本章探讨了地方政府如何利用精明收缩理念减少冗余的基础设施。在这个含糊且定义不清的领域里，有很多值得探讨的研究问题：

● 精明收缩理念的现实意义是什么？
● 城市基础设施（道路、供水、排污、供电、照明等）如何才能缩减？
● 实施这些精明收缩措施带来的政治风险是什么？
● 如果地方政府试图通过精明收缩应对人口减少时，需要使用什么样的政策话语体系？
● 地方领导人应采取哪些措施来克服这些政治障碍，才能实施精明收缩政策？

2 研究方法： 深度访谈、焦点小组、问卷调查、社会聆听 [①]、语义分析

与第 2 章一样，社会科学研究者可以使用各种方法回答上述研究问题。在本节中，我将介绍一些传统和非传统的定性分析方法。此外，本节还将介绍已有的数据源。

上述研究问题都与人相关，具体与人的观点、态度、知识和行为有关。布拉德本（Bradburn et al.，2004）认为，态度、知识、行为和预期行为是研究者能通过调查向研究对象询问的内容，因为这是研究对象所知道的全部内容。有些人不同意这一观点（Spradley，2016），认为通过提出假设或给出情景，研究者还可以推导出更多有用的研究见解。在本书的其余部分，我将只讨论态度、知识、行为和预期行为这四个类别。

在研究地方政府的工作时，开展背景调查、阅读新闻报道和有关地方政府活动的报告非常有用，学术书籍或论文（如果有的话）同样有价值。背景调查之后，应该对当地政府采用的法律、法规和政策进行更细致的文本分析（涉及土地使用、基础设施和规划）。例如，如果通过新闻报道了解到有关废弃的建筑条例已通过，你应该去查找该条例和相关文件。然而，为了了解更多信息，研究者必须通过与人的面对面交流，才能更好地回答上述研究问题。因为只有通过采访，研究者才可能了解到相关条例通过的原因，突破哪些政治上的阻碍才得以通过，以及法令实施的情况。

任何有关研究方法的教材都会告诉你，深度访谈是帮助研究者了解当下、具体、复杂社会现象的一种很好的研究工具。与深度访谈方法类似，"焦

45

[①] "社会聆听"（Social Listening）是通过分析从社交媒体上收集的舆情大数据 [微博、推特（Twitter）、脸书（facebook）等]，利用定量分析、语义分析、空间分析、网络分析方法，揭示大众对重要社会热点问题的公共认识和舆论态度的新研究方法。——译者注

点小组"（Focus Group）① 方法不仅能提供与数据"互动"的机会，还能检验不同观点和意见的相互影响。例如，在研究废弃建筑条例时，将社区活动家组织起来，集中进行焦点小组访谈，这可以让研究者在访谈中有机会探索新的研究话题。

通常，焦点小组访谈研究可用于设计问卷调查的内容或检验问卷调查的结果。与深度访谈和焦点小组访谈相比，问卷调查方法能涵盖更广泛的人群，因此结论更具有代表性。例如，对于某个特定国家，研究者可以将问卷发送到颁布过废弃建筑条例的所有城市，询问一些经过深度访谈和焦点小组访谈提炼出来的问题，譬如，这些条例是如何提出来的？以什么方式形成的？当前是否还具有效力？如果回收率足够高且样本量足够大，调查问卷结果就可以作为具有说服力的研究论据。

大多数国家都会对本国人口展开定期问卷调查，收集家庭规模、收入、住房单元的卫生间数量等信息。"美国住房调查"（the American Housing Survey）还会额外询问人们对居住社区的总体满意度。在第 7 章还会再次谈到生活满意度问题。这里我想说的是，如果想了解人们对政策实施结果的看法，可以通过构建一个自然实验进行分析，即通过比较了解废弃建筑条例实施前后社区满意度的变化情况。但是，需要谨慎对待自然实验中得出的结论，因为除实施条例的作用之外，其他因素肯定同时会对社区造成影响。

在撰写本书时，不仅有人口普查数据可以帮助我们了解人口情况。这几年来，我一直在塔夫斯大学的"城市态度实验室"（Urban Attitudes Lab）探索新的、尚未开发的数据资源。我们已经可以通过获取和分析社交媒体数据，在很精细的地理尺度下，了解社区居民的态度和见解。在研究地方政府及其政策影响时，我们不仅分析全美住房调查这样的普查数据，还可以"聆听"到人们在各个城市中每天进行的数万次交流对话。

---

① "焦点小组"（Focus Group）是通过组成由不同背景参与者参加的访谈小组，在研究者的主持和协调下共同对某个问题展开讨论，完成调查研究。——译者注

在最近出版的《城市社会聆听：在城市研究中使用微博数据的潜力和危险》(*Urban Social Listening：Potential and Pitfalls for Using Microblogging Data in Studying Cities*) 中 (Hollander et al., 2016)，我特别介绍了如何使用推特 (Twitter) 数据系统地了解社区中的人群总体情绪变化。我还使用过 Instagram 数据，其他人已经尝试过利用脸书 (Facebook) 和谷歌 (Google) 数据研究特定地点的居民态度，我将在第 7 章中更深入地介绍这些方法的潜在作用。

3 研究范例

山田 (Yamada et al., 2016) 的文章《东京都市区远郊地区的空置用地管理》(*Directions for Vacant Lot Management in the Outer Suburbs of the Tokyo Metropolitan Region*) 探讨了作为本章基础的 "地方" 问题，可以作为本章探讨内容的范例。

研究者试图通过综合运用直接观察、航拍照片判读、建筑布局数据分析以及居民问卷调查等研究方法，了解东京的郊区牛久市 (Ushiku) 的土地空置模式以及居民的看法 (图 3.6)。这项研究由日本国家政府提出的 "紧凑城市" 政策推动，但是，该政策似乎不适用于牛久市这样的收缩城市。

在本章中，我以收缩城市的地方视角为切入点，提出了一些关键研究问题。山田 (Yamada et al., 2016) 的研究有效地解决了这些问题。首先，他的案例研究解释了牛久市的人口减少如何对居民、企业和地方政府财政稳定造成直接损害，即 "随着税收收入递减，市政府无法负担大量未充分利用的基础设施和土地的维护费用。" (同上，第 69 页)

其次，山田进一步针对本章提到的问题展开了研究，试图更好地揭示地方政府应对衰落的方式在现实中是否有效。通过研究城市政策背景，他们揭示了政府以下政策举措：

图 3.6 日本筑波市茨城县——牛久市线一隅

　　市政府制定了削减维护不良房产的制度框架，不仅建立和加强房屋维护标准、提供拆除费用，还让附近居民能够更加便捷地永久获取或临时占用空置土地。（同上，第68—69页）

　　后续政策举措还包括：为拆除和搬迁公共服务设施至内城提供政策补贴，为在空置土地进行绿化提供补贴，以及支持公众参与和低碳城市规划。（同上，第69页）

　　日本地方政府所采取的这些非常具体的政策措施，大大扩展了我们在应对人口减少方面的认识基础。在论文最后的总结部分，作者呼吁未来的研究者不要拘泥于这种政策分析，希望他们收集有关各种政策举措的一手数据，以评估其影响、成功和失败。通过恰当地记录具体的应用情景，此类信息最终可以汇总形成一个涵盖全球的政策库，有助于我们总结更具普遍性的学术知识：现有哪些类型的政策方法选项？它们是否有效以及为何有效？ 48

　　在本章中，我特别关注移民话题，以此说明在典型收缩城市中，存在无数相互竞争、相互矛盾的力量在影响着人口变化。在某些方面，日本的收缩城市是非典型的。因为日本有非常严苛的外来移民限制[①]，这塑造了其独特的城市收缩特征：

> 以人口自然增长率萎缩为唯一驱动力，日本不断加剧的城市收缩引起了广泛关注。由于出生率处于历史最低水平，加上长期以来的移民限制政策，日本的人口总数在 2005 年达到峰值后开始持续下降，成为世界上老龄化速度最快的地区之一。（Yamada et al., 2016，第 67 页）

　　山田（Yamada et al., 2016）同时指出：唯一的例外是由省级城市迁往东京、京阪神和名古屋等大都市区的移民流动：

> 考虑到人口出现向城市中心迁移的新趋势，根据估计，远离大城市中心和交通枢纽的地区未来会出现更明显的人口流失，因此，这一现象可被称为"逆向蔓延"（Reverse Sprawl）（Ujihara et al., 2016）。根据 2040 年的人口预测，省级城市将承受最严重的人口流失，同时，主要大都市区中心和郊区城市虽然可以维持人口数量水平，但是也将面临严重的老龄化问题。（同上，第 67 页）

　　虽然这些趋势与国际外来移民无关，但是，了解更大范围的移民流动

[①]　这里指日本对外国移民迁入一直保持严格控制，因此，不能像部分美国城市一样，利用外来移民流入来缓解部分城市收缩中的人口流失问题。——译者注

模式仍然是研究空置土地的关键，山田（Yamada et al., 2016）的论文中也正是这么做的。

关于山田的案例，我也讨论了最后一个问题：实施精明收缩的政治障碍。该问题在日本并不明显，因为日本国家政府早在 2014 年就颁布了有关城市复兴的特别措施法案，该法案设想的未来远景就是：在人口减少的地区建设"紧凑城市"。

对于这种将高密度开发导向到特定城市地区的精明收缩方法，我对其成效仍保持悲观态度，因为它违反了传统经济学中的企业选址决策理论，并且对解决人口减少地区的实际规划和设计问题毫无作用。但是，2013 年"底特律未来城市规划"（Detroit Future City Plan）采用了同样的思路，该规划在美国最大的衰退城市中应用了精明收缩策略。

在底特律的案例中，该规划提出了一个大胆的愿景，即通过调整"汽车城"规模，使之变成更小、更好的城市。如我在《Planetizen》发表的文章中所提到过的，该规划的唯一缺陷是如何像日本政府那样成功地识别进行高密度开发的热点区域。我的文章摘录如下：

> "底特律未来城市"（Detroit Future City）希望将资金和资源集中在城市中仍然还有居住和商业活力的节点周围，其余地区则可以慢慢回归自然状态。当然，也不是完全的自然状态。
>
> 那些人口不断流失的社区，其人口密度正接近郊区或农村地区的水平，政府服务、投资和使用的水准也与这些低密度地区一致。不鼓励居民留在这些地区。
>
> 相反，规划的编制者却呼吁将这样的住宅用地改造为其他用途：标准运动场地、管理雨水的蓄水池、露营地和城市草地，甚至轻工业用地。这就是这个规划最大的问题。底特律的规划师错了，人们是可以住在低密度社区的。没有必要将城市外围地区的人口刻意疏解，集中成为十几个中、高密度城市居民点。底特律足够大，可以容纳这些被遗忘地区的住房。（Hollander, 2013a, n.p.）

在回到研究方法的讨论上，山田（Yamada et al.，2016）根据我的上述建议，与收缩城市的居民进行了交流，听取他们的意见和态度。他们的研究利用问卷调查来获取了广泛且大量的样本。但是，问卷调查方法本身也存在缺点：问卷调查一般采用封闭式问题，缺少研究人员和调查对象的相互交流和切磋，也缺少根据实际回答追问后续问题的机会。

山田（Yamada et al.，2016）论文中用到了问卷调查方法，并指出该方法之前便被使用过，且已经通过验证有效。该方法一共分为三个步骤：（1）询问人们对空置地块的一般性看法；（2）询问人们在搬迁时的行为和预期行为；（3）最后，从九个维度评估调查对象所在的居住区的质量。过去，问卷调查还可以通过焦点小组访谈和深度访谈对研究对象展开"探索性调查"（Pilot Test），这一直被视作提升问卷有效性的很好做法。

山田（Yamada et al.，2016）使用了多种研究方法，涉及的问题类型令人印象深刻，研究成果为了解日本城市的空置土地模式提供了宝贵的窗口。他使用了具有"内部有效性"[①]（Internal Validity）且可靠的研究方法，使得类似研究可以在其他地方重复。同时，正确地应用研究方法也使得关于收缩城市这一核心议题的研究具有较高的"外部有效性"（External Validity）。

注释：

[1] 了解该城市规划过程，请参阅劳拉·沙茨（Laura Schatz）2010 年完成的学位论文。

---

① "内部有效性"（Internal Validity），指研究获得的因果关系具有可信的内部逻辑关联；外部有效性（External Validity），指研究发现的科学规律具有外推的可能，在其他地区、时间、情景仍然有效。——译者注

第4章　社区行动

　当告诉别人我正在开展收缩城市研究时，很多人会开始跟我讲述他们在工作、生活或旅行中遇到空置用地或废弃房屋的故事。"我知道你的意思，废弃房屋真的很糟糕"，他们通常会这样说。作为双足哺乳动物的人类，我们生活在社区尺度的空间里，在视野可达的范围内，思考街道、公园和其他生活舒适物。[①]

假设我们站在画家诺曼·洛克威尔（Norman Rockwell）描绘的普通美国小镇的一个房屋前廊，放眼会看到街道、人行道和住宅，这些要素共同构成了我们心目中的"社区"印象。虽然也有些例外，但绝大多数住宅建在连片的居住区内。在全美国的建成区范围内，住宅用地总面积为881299英亩（1英亩=4046.86平方米），商业用地为20540英亩，其余200266英亩为工业、交通和机构用地（Theobald，2014）。这意味着，对于大多数美国人来说，透过窗户向外看，看到的是房屋、道路，以及将社区凝聚成整体的其他空间元素。除了像波特兰（美国俄勒冈州）或蒙特利尔（加拿大魁北克省）某些制高点可以俯瞰整个城市，大多数人日常生活中的视野都局限在住宅区内，以及上学或工作地点所在的街区中。

本章将社区（大多数人称之为家的地方）作为核心分析框架研究收缩城市现象。从这个角度出发分析收缩，三个相互冲突的关键词成为值得深入探究的研究问题："设计"（Design）、"保护"（Preservation）和"稳定"（Stabilization）。

---

① "生活舒适物"（Amendity）是指供人们便利生活而开设的商业设施、公共服务和基础设施的总称。包括商店、学校、医院、公园、绿地、景观、娱乐设施等。——译者注

1 城市设计

　　从社区层面考虑城市收缩问题时，前文提到的人类作为哺乳动物的本性变得至关紧要。多年来，我一直对这个视角抱有浓厚的研究兴趣，相关思考　52
成果最终刊印在出版的《认知建筑学：回应建成环境的设计方法》(*Cognitive Architecture：Designing for How We Respond to the Built Environment*,Sussman and Hollander, 2015) 一书中。该书的核心要义是：人类进化历程使得我们按某种特定的心理方式体验周遭的环境。不幸的是，如今我们身处的建成环境大多数都不符合心理的预期，这使得我们常常感到焦虑、紧张和不安。在该书中，我与合著者安·萨斯曼 (Ann Sussman) 基于心理学和神经科学的最新研究成果，提出四个原则：边界的重要性 (Edges Matter)、样式的重要性 (Patterns Matter)、形体的分量 (Shapes Carry Weight)、叙述是关键 (Narrative Is Key)。

　　许多关于城市设计的研究文献告诉我们，场所设计有既定的美学原则 (Alexander, 1977; Mikoleit and Pilrckhauer, 2011)。研究者对交通、行人活动和场所健康效应展开过分析，并推荐了很多优秀设计案例 (Urban Design Associates, 2013; Ewing and Hamidi, 2015)。但是，他们缺乏从进化生物学角度展开的研究：人们首先会无意识[1] (Unconscious) 地体验某个场所，进入某个场所前，人需要首先评估场所是否与某种无意识需求相匹配。例如，上文提到的第三个原则："形体的分量"，很多科学研究表明，人会无意识地偏爱建成环境中的曲线要素，而不喜欢锯齿状或尖锐的线条。游客来到"艺术装饰风格"① (Art Deco Style) 的街区时，将（先是不自知地）被建筑的曲线美所吸引，并感到愉快和放松（图 4.1）。同样，如果游客到达由彼得·埃森曼 (Peter Eisenman) 设计的街区，那些充满锯齿状线条的建筑物也会让其感到焦虑和压力（图 4.2）。

---

① "艺术装饰风格"(Art Deco Style)，是 19 世纪末在欧洲流行的一种艺术风格，以感性自然的有机线条、东西方融合的装饰图案、明亮和对比强烈的色彩运用为主要特点，影响了建筑、装饰、设计等多个领域。典型建筑范例是克莱斯勒大楼与帝国大厦。——译者注

图 4.1 "辛尼塔公寓"（Cintra Flats）是位于新西兰奥克兰西蒙兹街附近的艺术装饰风格建筑

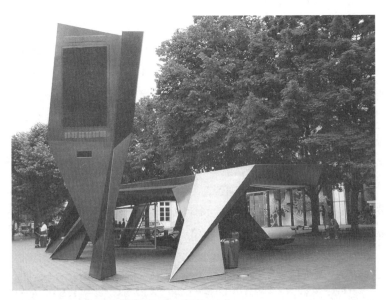

图 4.2 1996 年彼得·埃森曼在德国亚琛设计的公交站

在收缩的街区，人们对废弃建筑和空置用地产生无意识的负面反应，不仅会带来有意识的焦虑，那些破碎的窗户和破裂的建筑立面也会在"无意识层面"[2] 影响到人的情绪。我们如今面临的一个重大问题：如何在进行低密度居住区设计的同时管理区域的人口流失？《认知建筑学》（Sussman and Hollander，2015）构建的方法有助于解答这一问题。当社区人口流失时，住房需求量将降低，价格也会因此下降。一旦价格低到一定程度，建筑的维护成本将超过租金收入，从此开始出现衰败。精明收缩的主张就是预测并防止这种情况发生。在理想情况下，精明收缩意味着伴随人口数量的下降，社区存量住房供给应该也以相应速度减少。但是，现实中如何操作呢？我在《城市兴衰启示录》（Hollander，2011c）中提供了一个解决方案："反向断面模型"（the Reverse Transect）（图 4.3）。当然，还有其他的可能解决方案。"反向断面模型"建立在新城市主义的观念基础上，即如果通过设计引导城市变化，那么就可以在不降低居民生活质量的情况下管理城市增长（或收缩）。"反向断面模型"是一种逐渐减少社区住房密度的设计方法，包括谨慎地再利用非住宅建筑和选择性拆除住房，以及将空地重新归于农业

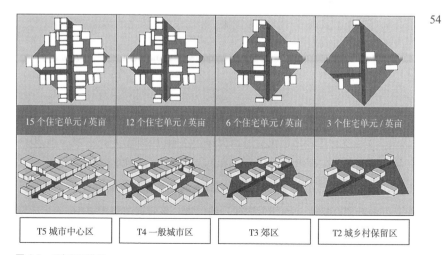

图 4.3 反向断面模型

或公园等产出性用途。

55   该解决方案中最关键的是"后续土地用途"（Successor Land Uses）。当不再作为住宅用地时，房子应该如何处理？当拆除建筑后，留下的土地应该怎么处理？如果没有任何有目的性的规划或政府干预，空置房屋将被非法占有（有时成为无害的流浪者的居所，有时成为非法的妓院或毒品作坊）。建筑拆除后留下的空地，常常变成违规倾倒垃圾或其他非法废弃物的场所。

    我非常喜欢坐在新泽西州罗宾斯维尔公寓二楼的门廊，享受着大楼后面一片受保护的树林景观。罗宾斯维尔是我就读研究生期间的住所，我不禁发现这里的景物令人困惑。作为一名收缩城市研究者，我知道土地空置是个麻烦问题，但是，眼前的空地却已经作为生活舒适物之一永久保存。同样的空地，为何在郊区会变成宝贵的空间财富，而在城市中心会成为一种负担？这个问题值得深究，但可以肯定的是，土地的利用历史、周边地区的犯罪率以及空地的设计改造都起到了关键作用。在本章后面还将谈到这个明显的悖论问题。

    设计"后续土地用途"既是收缩城市需要解决的关键难题，又是值得利用的重要机遇。这一工作创造了很多交叉学科研究课题，涉及的专业人员包括规划者、景观设计师、建筑师、生态学家、生物学家甚至兽医。[3]

2 历史保护

    2011 年，"保护和规模调整研究网络"（the Preservation Rightsizing Network）诞生。虽然之前也有将历史保护与城市收缩关联的尝试（如 2011 年的"历史保护咨询委员会"，the Advisory Council on Historic Preservation），但是新研究网络旨在聚焦这两个政策概念的交叉领域，建立资金充足、组织良好的新研究机构，展开更加深入的探索。该研究组织于 2016 年 5 月与"国家历史保护基金会"（the National Trust for Historic Preservation）共同举办了一次会议,讨论未来需要优先开展研究的领域。会议邀请了这两个领域的基金会、全国领军人物和研究人员参加。参加这次活动是一次很享受的体验,能与志同道合的同事进行头脑风暴。研究者在会后就达成了一个行动共识:需要更加清楚地理解保护、保留、拆迁以及重建的实际成本;需要更加了解"选择性拆除"(Selective Demolition)在保护社区历史品质中的重要作用。

56

自经济萧条以来,国家历史保护基金会一直致力于解决城市收缩问题,并见证了止赎危机发生以来拆除的数以千计的历史建筑。因此,他们不认同拆除是最佳解决方案。国家历史保护基金一直致力于贯彻积极保护的观点,反对大面积拆除的行为,即便这样做非常艰难。

收缩城市的大多数住房都很老旧(特别是在美国)。克利夫兰的建筑寿命的中位数已经高达 77 年,巴尔的摩为 70 年,普罗维登斯为 77 年(USA City Facts,2017a,2017b)。一座城市要想有效地调整住房规模以适应更小的人口规模,拆除和再利用是最常见的举措。上一节的讨论已经强调了后续土地用途的重要性。如果想保留历史住宅建筑,就必须给它明确一种新的非住宅用途,例如办公、轻工业、农业(水培垂直农场)、艺术家工作室或者冷藏室等。当一座历史建筑被夷为平地时,留下的是一张"白纸",然而其可以设想的后续用途几乎是无限的。但是,当历史建筑被保留下来时,后续使用就仅限于适合历史建筑现有布局的用途。此时,面对收缩地区中失去居住实用功能的住宅建筑,研究者可以帮助分析历史建筑后续利用方式的各种可能选择。

对适应性再利用的研究可以追溯到几十年前,当时学者们开始深入研究最适合再利用的建筑物应具有的品质(Burchell and Listokin,1981)。对于收缩城市研究学者来说,这是一个值得关注的领域。一方面,为了更好地进行历史保护,需要分析和理解社区的历史背景,维护和更新那些具有历史价值的建筑作品;另一方面,还要探索保留历史品质、管理人口减少的可操作的措施和路径。

3 社区稳定

当我开始在塔夫茨大学教书时，翻遍了书架，想找一些在课堂使用的有趣读物。我翻出了《面对郊区衰退》(*Confronting Suburban Decline*)。这本书是露西和菲利普斯(Lucy and Phillips，2000)撰写的专著，描述了20世纪90年代以来美国郊区居民收入（与都市区相比）突然下降的过程。有趣的是，他们是从社区层面展开分析的。大多数城市研究者应该熟悉在本章开头提到的故事：一个社区失去了作为居住社区的吸引力，租金和房价下跌。这使得对建筑物进行必要维护变得非常不经济，长久失修从而导致建筑质量下降，居住吸引力进一步削弱。该过程是循环往复的，随着时间的推移，建筑质量恶化和吸引力衰退不断循环往复，还有可能进一步导致城市衰退。露西和菲利普斯还特别强调，住房单元每30年需要彻底翻新一次，更换新设备、新屋顶、新锅炉、新电气设备等。这些住房升级费用昂贵，只有租金和房价稳定的社区才能负担得起这一开销。住房需求哪怕是小幅的下降，也会导致租金和房价降低，业主顺利完成30年一次的住宅翻新的可能性也随之降低。如露西和菲利普斯所说的，每一个社区（以及业主）都在努力地维系其建筑面貌，维持其对外界的吸引力。美国是一个不断变化的社会，一般家庭平均每八年搬家一次，租房者搬家则更频繁(Lucy and Phillips，2000)。如果人们不断在搬离，社区很难保持对外界的吸引力。露西和菲利普斯以一个大都市郊区的典型住宅开发项目为例展开了研究。他们的分析发现，那些偏远且孤立的郊区社区除了有新住房供应之外，几乎没有什么其他生活配套设施。那么，如果新住房不再吸引人，这些社区30年后会发生什么呢？《面对郊区衰退》告诉我们，与大都区的类似社区对比，这些郊区社区的收入已经开始下降。

因此，城市研究者需要维持社区的稳定性，否则这些社区就可能失去吸引力。在过去的半个世纪中，多数西方国家的地方政府传统政策实践致力于解决住房需求疲软的外部因素（来自社区外的影响），如城市污名化、犯罪率、教育或就业机会不足等。虽然在这些领域的改进值得称赞，但同样需要认真研究稳定社区的方法。有两种方法可以实现这一目标：（1）在租金和房价下降的情况下，帮助业主完成每 30 年一次的建筑维护；（2）通过规模调整的规划方法减少住房供应总量。事实上，目前暂无任何针对这两种方法的科学研究。在如何使用这两种方法、使用结果如何等方面，还有很多的研究工作要做。

社区稳定的第二个关键点：是地方政府需要保护和维护空置的土地和废弃的建筑。在本章开头，我讲述了在新泽西州居住时，望向自家阳台后面空地时的感想。让我感慨的，是眼前这个已成为受保护的开放空间与城市中那些令人生厌的空地之间的区别到底在哪里？

我在"美国总务管理局"（美国房地产管理部门，the General Services Administration，GSA）担任公共建筑管理部门的社区规划师期间，找到了这个问题的答案。我的部门职责是将联邦政府所拥有的房产转移出公共部门，将其所有权转交给地方政府、州政府、非营利组织或私人手中（具体方向取决于适用的法规和当前的政治风向）。在工作期间，我看到了大量的废弃遗址，包括曾经的军事供应站、灯塔、空军补给站、办公楼和军官住宅（图 4.4）。GSA 的部分工作职责就是：从联邦机构宣布不再需要这些资产算起，直至该资产完全脱离政府所有，在这段时间内，负责保护和维护这些多余的政府资产。我们每年都会与当地社区密切协调，将这些政府设施改造为学校、公园、流浪者收容所或新企业工厂等，这样的工作给我们带来了极大的满足感。但是，这一过程通常需要花费很长时间，有时甚至需要几十年（特别是对于更大、更复杂的地点）。当这样的转化项目开始执行时，GSA 的工作也是一项花费巨大的工作，在不同地点的运行方式也略有不同。也就是说，我有机会亲眼看见一个个自然实验项目。在 GSA 工作的 7 年里，我的观察结论是：受到充分保护和维护的空置建筑和土地是不会被非法倾倒垃圾的，也没有犯罪分子侵入，也没有乱七八糟的涂鸦，周边的社区也不会受到负面影响。不幸的是，如果 GSA 没有很好地保护和维护场地，反之亦然。因为无人照顾，这些地区就会开始分崩离析，被毒贩

图4.4　德国布兰肯海姆（Blankenheim）的废弃军事基地

和妓女接管，并且衰败迹象和疏忽将像病毒一样蔓延到周边社区。

从 GSA 的"实地调研"中，我得出的结论是：为了寻求社区的稳定，保护和维护空置建筑和土地工作，对于管理收缩对社区的负面影响至关重要。记得在新泽西州南部的一个街区，我参观过一座已关闭的陆上灯塔。虽然已经弃置多年，但从外表并看不出灯塔已经停止使用，其围栏、标牌、外墙或结构都完好无损，并且周围的社区也没有任何颓败的迹象。我遇到了一位住在附近的居民，和他聊起灯塔，他甚至不知道灯塔在 11 年前就已经停止使用。

60　# 4　研究选题

有关"设计"的研究选题

- 设计在实践中是如何完成的?
- 应该怎么做设计?

- 如果通过认知科学和潜意识的视角能够完成好的设计，那么如何将其他价值观（公平、环境质量、韧性、资本）纳入收缩社区的设计中？
- 关于后续土地用途，如何在地方规划程序中塑造这些新用途？
- 可以从开放空间设计中学到什么经验，并运用到收缩城市的语境中？

有关"历史保护"的研究选题

- 对历史街区进行有效的规模调整的内涵是什么？
- 应该拆除多少建筑，才能在稳定房地产市场的同时保持社区的历史品质？
- 在规划后续土地用途时，如何将历史建筑改造为非住宅功能？
- 历史建筑物的再利用是否存在类型差别，即某一类型历史建筑更适合进行再利用，而某一类型不适合？

有关"社区稳定"的研究选题

- 各种针对缓解城市衰退的政策措施对社区稳定有何影响？
- 地方政府如何执行"保护和维护"条例？
- 地方政府在阻止衰退蔓延扩散方面是否成功？

5 研究方法：历史回顾、城市设计、定性方法

可以采用一系列方法回答上述问题，包括历史回顾、城市设计分析、制图和空间分析、定性深度访谈、焦点小组访谈和社会聆听。本章将重点介绍历史回顾、城市设计和定性方法，这类方法特别适合研究社区尺度的收缩。

本章描述的大部分问题都与收缩社区的物质形态变化有关。利用历史建筑调查和航拍影像数据进行时间序列分析，以准确了解社区在人口减少期间的空间变化。在美国，我们还有"桑伯恩火灾保险地图"（Sanborn Fire Insurance maps）数据，地图范围涵盖大多数城市地区，数据不定期更新，最早可追溯到 19 世纪（图 4.5）。这些地图最初是监控火灾保险风险的一种

62

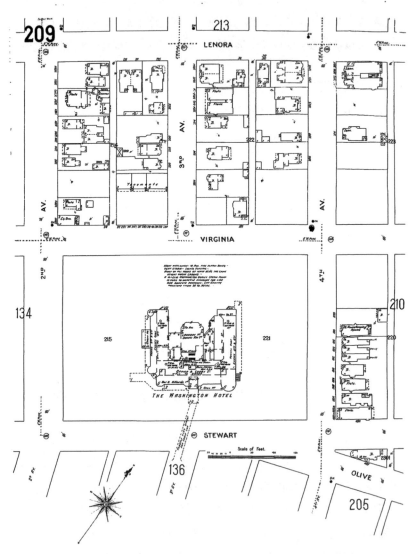

图4.5 1905年华盛顿西雅图社区（华盛顿酒店，原丹尼酒店）的桑伯恩火灾保险地图

手段，提供了 50 英尺比 1 英寸（1 ： 600 比例尺）精度的建筑轮廓平面图。进行长时间跨度的比较研究时，这些地图是分析收缩城市中空间形态变化的重要依据 [4]。

加上现代遥感影像图（通过谷歌地图和其他来源很容易获取），研究者利用历史影像数据可以追踪社区收缩的过程，及其在人口减少时保持稳定的能力。这些数据还可以作为城市设计分析的基础，通过历史演化趋势分析，探索未来建筑和土地再利用的方案（Schwarz and Rugare，2009；Nemeth and Hollander，2016）。城市设计分析还可以采用前文讨论过的"认知建筑学"思路列举社区的物质空间特征（如街道宽度、社区边界质量、建筑对称性），并探索规模调整方法如何才能保持或强化这些物质空间特征。

前面（社区稳定部分）提到的宏观政策问题也将从历史回顾和城市设计分析中获益，特别是将其作为案例研究中定性分析的补充。案例研究方法的"圣经"《案例研究：设计和方法》（*Case Study Research：Design and Methods*，Yin，2013）强调：对于当代社会中极其复杂的现象，研究对象与外围世界之间的界限常常是模糊的，这种问题非常适合进行案例研究。该定义适用于上述关于城市社区如何管理人口减少（上文本书第 61 页提出）的大部分与政策相关的研究问题。

案例研究只提供了解决研究问题的框架，而研究者需要决定具体选择什么方法，以及不同方法之间如何相互关联、相互加强，甚至协调彼此的冲突。如果研究对象是过去十几年内发生的事情，深度访谈将是了解事件过程、发生原因、发生方式、时间和地点的最佳方法。根据个人经验，我发现仍处在工作岗位上的地方官员很难客观面对衰退，但是，已经离任的官员往往会非常坦诚，并且有充裕（如果退休）时间接受采访。如其他任何研究一样，要将受访者的话与其他信息来源比照，以验证其真实性，并且，还要能够向受访者提出具有探索性和挑战性的问题。访谈过去的事件时，难免会出现"认知偏差"（Telescoping Bias），即受访者的记忆可能不会十分清晰，对过去事件的记忆会受到当前已知的事情发展结果的影响。但是，研究者仍然可以从略微有偏差的记忆中捕获到跟这个事件相关的批判性见解,尤其是对更大型的案例采取综合研究方法时,深度访谈作为综合研究方法的一部分,对案例研究有着极其重要的意义。

6 研究范例

为了展示本章讨论内容的实际应用效果,我将介绍斯蒂芬妮·雷伯格—韦伯斯特(Stephanie Ryberg-Webster)在 2016 年发布的论文《城市危机中的遗产:俄亥俄州克利夫兰斯拉夫村附近的历史保护》(*Heritage Amid an Urban Crisis: Historic Preservation in Cleveland Ohio's Slavic Village Neighborhood*)。这篇文章是本章"社区行动"主题的典型案例,涵盖城市设计、历史保护和社区稳定三个话题。

雷伯格—韦伯斯特采用了一种新颖的方法研究上述话题,围绕收缩社区中建筑环境的历史价值提升与未来规划之间的紧张关系开展调查。她重点关注这一紧张关系在历史保护和规划这两个截然不同的专业之间发挥作用的方式。

有关社区衰退的设计方法维度,她探究了主要参与者在更新改造设计工作中采取的具体行动。例如,她深入分析了"克利夫兰修复协会"(the Cleveland Restoration Society)的工作。该非营利性组织致力向城市业主提供低息贷款,帮助他们完成"屋顶安装、外墙涂装、门廊维修、窗户维修或室内装修"等房屋维护工程(Ryberg-Webster, 2016,第 17 页)。[5]随后,她开始研究收缩社区的更新设计方法,并得出结论:应该建立一种历史价值分级认定体系,其认定标准应该基于"给社区带来的某种独特空间属性,而非单个建筑结构的物质特点。"(同上,第 19 页)同时,她呼吁制定更灵活的地方法规,思考如何根据变化的历史意义和社区环境评估建筑改造方式。

雷伯格—韦伯斯特调查分析了"斯莱维奇村社区规划"(Slavic Village Neighborhood Plan),该规划提出要增加符合前述"认知建筑学"原则的

特定设计元素："规划突出强调了前廊、大窗户和装饰细节的重要性，并 64
呼吁更多人关注住宅保护的同时，也注意保留其对社区价值和特征的贡献
（SVD，2007，第 41 页）。"（Ryberg–Webster，2016，第 14 页）

关注传统的建筑开窗方式的人，通常能够认同"认知建筑学"原则中
有关"样式的重要性"的论述。从某种程度上说，这个原则就像建筑立面
上像人脸一样排布的窗户，能够让人们在无意识间对该地方产生根深蒂固
的印象。同样，装饰细节和前廊可以支持"形体的分量"的"认知建筑学"
原则，前廊和装饰细节可以有效地加强双边对称性和层次感，这些也是"形
体的分量"原则的重要元素。[6]

虽然雷伯格—韦伯斯特深入讨论了"设计"问题，但"保护"和"稳
定"才是她论文的主题。虽然，她没有直接解答前文提到的许多相关的问
题，但她确实讨论了：适应性再利用的挑战、其相对较高的成本以及可能
带来的益处。通过质问"为什么斯拉夫村优先考虑拆除建筑？"她讨论了
一系列有关保护和稳定的问题。她发现：在 2014 年中，一个活跃的非营利
组织成功地挽救了一座房子，一家营利性房地产开发商成功地修复了 20 套
住宅，"然而，各种（其他）行动实体却拆除了 127 套住宅"（Ryberg–Webster，
2016，第 16 页）。她得出结论，这种不平衡的保护—拆除结果并非偶然。
她还引用了非营利社区组织"斯拉夫村发展"（Slavic Village Development）
前负责人玛丽·基特里奇（Marie Kittredge）的话："历史保护是如此昂贵
且重要，但是却没有用于历史保护的资源，也没有资金拨款，什么都没有。
流向社区的资金主要用于拆除房屋，几乎没有别的用途。"（同上，第 16 页）

关于研究方法，雷伯格—韦伯斯特采用的是相当传统的社会科学研究
方法，如深度访谈、直接观察和文件分析（查看报告、社区规划和媒体报道），
从而开展社区案例研究。殷（Yin，2013）会为她的案例研究设计感到骄傲；
对不同来源数据进行定性和定量分析，实施成效很好，最终形成了有关斯
拉夫村经验的叙事。

从大范围的问卷调查和社区分析看，该研究不涉及任何新的制图或 65
空间分析。如果能加上近期建筑条件和用途数据进行空间分析，并结合

现有的访谈和文件开展深入分析，案例研究可以变得更加丰富。当然，任何研究工作都存在数据收集过多和分析过度的风险。在第 2 章中，我介绍了"研究三角"（Research Triangle），其中研究问题、数据和方法需要像三角形的三个端点一样保持平衡，并需要通过不断的调整和转换，直到三个部分能完美组合在一起。在这里，额外的空间分析可能有用，但研究者还是需要仔细裁量，均衡研究三角的其他部分。而对于雷伯格—韦伯斯特来说，额外的空间分析可能会冲淡他令人印象深刻的深度访谈工作。事实上，根据我的经验，在深度访谈时过多地使用地图，可能会使受访者注意力被分散，甚至造成误导和偏见。空间分析的结果无疑会影响研究人员对既定现实的看法，进而影响访谈的执行和对访谈记录的分析。我在工作中发现，空间分析可以激起研究对象的兴趣，他们可能会要求看看地图。在我过往的一次访谈中，访谈对象对我采用的分析方法表示不满，因为他所在的社区被消极地描绘在地图上。这种敌意将会严重破坏研究者在采访时努力营造的亲切氛围。著名的定性研究方法专家和作者斯坦纳·克维尔（Kvale，2007）指出，研究者应该将深度访谈视为一种日常对话，所有传统的社会互动原则都适用于深度访谈过程。这意味着要让受访者放轻松，选择受访者熟悉而舒适的访谈地点，以闲聊开场，询问受访者是否有疑问，或者是否感到舒适，尽可能减少研究者的自然权威感。克维尔认为，只有通过这样的策略，访谈者才能获得有效和可靠的信息。雷伯格—韦伯斯特（Ryberg-Webster，2016）的研究似乎遵循了这些指导方针，因此，能为收缩城市研究作出有益的知识贡献。

注释

[1]"无意识"的说法在 19 世纪被大范围使用，用来描述大脑某种自动运转的功能，那些自己甚至都意识不到的功能（Altschuhule，1977）。

66 [2] 这里仅展示了一个案例，即锯齿型和曲线如何影响人的认知方式，但是，《认知建筑学》（Sussman and Holander，2015）中还探索了很多人与物理环境的无意识互动，这可以为更好的设计指明方向。

[3] 在研究后续土地用途时，动物健康和福祉也是一个重要的组成元素，并基于 OHL（One Health Lens）概念与人类和生态健康协同研究（Taylor and Hochuli，2015）。

[4] 在对马萨诸塞州新贝德福德的历史回顾研究中，我使用了这些数据，包括 1924 年、1936 年、1975 年的数字地图，然后通过谷歌地图将这些建筑轮廓平面与现代航拍影像图进行比较，其中部分研究成果发表在该篇论文上（Hollander，2013b）。

[5] 她发现由于某种政治原因，斯拉夫村居民无法利用这些项目资金。

[6] 研究的更多细节详见苏斯曼和霍兰德（Sussman and Hollander，2015）。

第5章 城市中心

对大多数城市、城镇和区域而言，城市中心都是政治、文化和经济中心，中心衰落可能给发展带来独特的问题。本章将讨论管理城市中心人口收缩和城市衰退的问题和悖论。

收缩城市领域的研究者通常会花很多时间分析反映人口、经济、土地利用和住房特征的相关数据。他们围绕"衰退"（在此用作名词，指在收入、人口、就业等方面的损失）进行问题剖析，往往需要花费大量的时间精力记录、分析这些损失。本书前几章的内容就围绕这个问题展开，提供了各种研究方法，讨论在经历各种损失的背景下城镇会发生什么变化。

本书到目前还没有触及非物质维度的损失——情感损失。有很多研究成果详细地记录了收缩城市在这个维度的故事，例如，极具影响力的书《美国钢铁城：扬斯敦的工作和记忆》（*Steeltown USA：Work and Memory in Youngstown*，Linkon and Russo，2002）。在收缩城市研究领域，这个问题同样是非常值得探究的话题。

从波士顿开车启程，途径高速公路，拐过一连串的城市主干道，约两个小时可抵达霍利奥克（Holyoke）市中心。就在几年前，我第一次走访这座因待业、失业和犯罪而闻名的城市。这个市中心的主要街道简直是一场灾难，超过一半的店面关门倒闭，且其中很多已处于废弃状态，墙面脱落、窗户破碎，破败不堪（图5.1、图5.2）。整座城市最引人注目的且维护良好的建筑是殡仪馆。总而言之，这个地方死气沉沉。

我此行的目的是参加一场城市规划相关的学术会议，会场设在市中心边缘由旧工厂改造的建筑中。抵达之后，我与当地居民谈论起了城市中心的问题。他们虽然满怀振兴市中心的期望，但是大范围的用地空置和房屋

图 5.1　马萨诸塞州霍利奥克市中心的商业街

图 5.2　马萨诸塞州霍利奥克市中心商业街上空置的斯泰格尔百货

69 废弃已经成为沉重的负担，不断加剧了城市中心的衰落。可见霍利奥克虽然拥有21平方英里的广袤土地，但占地仅20多个街区的市中心的衰落景象，似乎就已经决定了整座城市的未来（U.S. Census，2010）。

前几章节中，我已经介绍了城市为适应更少的人口调整社区规模的各种方法。通过将过去的住宅用地和建筑重新规划为非住宅用途，这些地方可以降低人口和建筑密度，形成新的空间特性。这也可能意味着，城市景观将转变为郊区景观，郊区景观转变为农村景观，或其他完全不同的景观。但是，霍利奥克市中心并不会发生这样的转变，这个地方将始终是周边城市和区域的文化、政治和金融中心。维系市中心的功能是霍利奥克市居民非常真实的情感和心理需求。如果谁想要降低市中心密度，将其变成森林绿化，这绝对不会是一个受居民欢迎的方案。

虽然许多社区也会抗拒这种转变，但是，城市中心的抵触情绪是最严重的。城市中心的物质空间环境并不像社区那样容易被拆除或调整规模。并且，城镇（市）中心的密度各异，有像美国马萨诸塞州的格拉夫顿（Grafton）这样的19世纪农业中心（图5.3），有像英国特伦特河畔斯托克的汉利（Hanley）这样的郊区购物中心（图5.4），还有像东京这样的全球城市中心（图5.5）。不同密度的城镇（市）中心都有其独特的建筑物、公共广场、政府设施和公园布局形式。然而，如果想利用前面介绍的规模调整方法重新安排城市中心不同类型的设施布局，以适应收缩的人口规模，这几乎是一件不可能的事。在人口收缩的居住社区中，建筑形式无外乎是单体住宅、复式住宅、公寓住宅楼。降低居住区密度的方法非常简单直接，例如将双拼住宅改造成独户住宅，或者拆除部分单体住宅，做成周边住宅的庭院。并且这些改造基本不会影响社区的整体空间。然而，在人口收缩的城市中心，建筑用途的多样化（商业、住宅、机构、政府等）成为改造的巨大障碍。此外，这些功能建筑或沿着路网排布，或围绕着中央广场，为了降低密度而拆除某个建筑，可能会对空间环境产生破坏性影响。因此需要运用不同的改造方法，这还有待研究者进一步探索。

为了发掘和揭示新方法，研究者首先要考虑与收缩城市中心相关的

图 5.3　马萨诸塞州 19 世纪格拉夫顿小镇农业中心

图 5.4　英国斯托克城汉利市郊区购物（Hanley，Stoke-on-Trent）中心

71

图5.5 日本东京全球城市中心

3个概念：商业促进区^①（Business Improvement Districts，BID）、大学城（Town-gown Relations）和创意城市（Creative Cities）。接下来，本章将分别讨论这3个概念，然后回到我刚才介绍的更宏观的发展悖论，提出一些关键研究问题，再讨论用于解决这些问题的恰当研究方法。

1 商业促进区

在城市规划实践中，很少有什么创新性概念像"商业促进区"（BID）及其变体这样被大范围模仿和称赞的（Becker et al.，2011；Morcol and Gautsch，2013）。从1975年在新奥尔良建立的第一个商业促进区（图5.6）

---

① "商业促进区"指划定一个特定的商业区，使当地企业主和政府当局能够联合起来，并征收特别税款，用于改善当地商业环境，以更快地挖掘和实现一个地区的商业发展潜力。——译者注

图 5.6　路易斯安那州新奥尔良市中心的中央商业区

到 2010 年"国际城市中心协会"（the International Downtown Association），
初步统计出 1000 多个商业促进区，这种特殊的城市问题解决方案无处不在。
这也从侧面证明，城市非常关注城市中心的发展问题。

　　BID 形式多样，但是，其基本运行模式都相似，需要由预先划定的城 72
市中心范围内的所有业主"投票"决定。[1]一旦 BID 成功建立，范围内的
所有业主都需要额外缴纳一定的附加税，以帮助政府在一般财政支出之外
有额外的经费支持城市中心范围内的各种改善工程。这些额外资金通常由
城市中心区业主代表组成的非营利组织负责支配，主要用于进行商业区的
建设提升。BID 支持的提升项目通常包括：支付额外的环卫保洁服务、安
保服务，建设路牌指示系统，促进联合营销①和进行建筑外立面美化。非

---

① 联合营销，此处指将城镇中心的小商家组织起来，一同进行必要的商业营销推广活动，包括：投
　 放广告、互相推广产品服务、打造整体平台形象等。——译者注

营利组织最重要的任务是做好 BID 的发言人和推广人，将城市中心的价值营销出去，将市中心成功塑造成为人们向往的生活、工作和旅游场所，并在社交媒体和传统媒体上进行推介。

73　　对于正在收缩的城市中心，BID 是增加其日益收缩的市政财政收入的一种有效方法。通常，伴随着衰落，地方政府的税收将普遍减少，因而，支撑政府提供公共服务的财政资源也相应减少。在人口减少的居住区，可以通过规模调整来降低建筑密度，从而能一定程度地减少公共开支。但是，在市镇中心的收缩情况下，这就行不通了。市镇中心收缩可能会导致失业率提高、无家可归者增多，市政府反而需要更多的财政资金，才能维持基本的公共服务和支付额外的安保服务。随着购物者的减少，城市中心的商店也可能会陷入困境。因此，需要 BID 投入资金进行企业联合营销和外观改善，改善营商环境，扭转商业销售额的下降。在收缩的市中心，BID 可以组织和召集商家和业主展开营销推广活动；BID 可以围绕空置和废弃等问题展开土地使用规划和政策愿景讨论。虽然，政治领袖也能作为这些利益的代表，但是，BID 这样具有弹性和灵活性的非营利组织，能更好地帮助收缩的城市中心在城市发生变化时实现调整和管理。

2　大学城

历史上的城市中心一直是重要城市管理机构的所在地。在新英格兰，你将很难找到没有教堂的城市中心。根据希拉夫（Shilhav，1983）以及米特拉尼和马祖姆达尔（Mitrany and Mazumdar，2009）的观点，犹太法律要求必须将犹太教会堂布局在城市中心。所以在市中心看到这么多教堂也就不足为奇了。

除了宗教建筑、医院、政府大楼和社区设施以外，历史上与城市中心紧密联系的另一种城市功能是大学。有些大学选择坐落在绿树成荫的居住社区，而有些大学在远离城市的地方建立校园。但是，也有少数高等教育机构选址在主要城市的中心地段，例如保加利亚首都的索菲亚大学、加拿大蒙特利尔的康考迪亚大学。大学校园就像一个小城镇,拥有住房、办公室,甚至建设自己的基础设施系统（交通、供暖或制冷等）。没有什么是永恒的,但大学却拥有非凡的持久力,利用校友的捐赠基金,学校可以延续好多代人（剑桥大学自 1209 年以来就占据了剑桥城镇中心）（图 5.7）。

当大学校园坐落在城市中心时,它会对城镇的衰退带来细微的影响。耶鲁大学自 1701 年成立以来,一直坐落在纽黑文市中心区。从 20 世纪 40 年代到 21 世纪初,纽黑文的人口锐减了 25%（City of New Haven, 2016）市中心受人口收缩影响很大。然而,耶鲁大学并没有受到纽黑文市衰退的影响。大学仍然发展良好,一直是世界上最负盛名的大学之一。[2]。因此,这两者之间的共生关系引发思考,为解决收缩城市中心的悖论问题提供了一种答案。

地方政府、商业团体和社区组织与大学校园产生相互作用和密切联系的现象被称为"大学城"（Town-gown,直译为"镇袍关系"）,对于管理衰

图 5.7　剑桥大学图书馆

退也具有重要意义。耶鲁大学案例很复杂：大学距离纽约市不到两小时的火车车程，周围被美国最富裕的郊区城镇围绕；大学在应对衰退方面的积极作用非常不清晰，大学的影响产生的效果更加不明确。

但是，耶鲁大学和纽黑文市的互动并不是特例。大学城在应对城市中心衰退方面发挥着醒目的作用。大学具有相对持久性，倾向采取长远目光思考问题（与选举周期影响下地方政府治理的短期思维不同），并常常在所在社区的发展过程中承担综合性（甚至有些多余的）角色。这些特质使得大学成为城市中心（也包括其他地方）在应对衰退时重要的合作伙伴。

3 创意城市

2002 年，理查德·佛罗里达（Richard Florida）在《创意阶层的崛起》（*The Rise of the Creative Class*）中首次提出了"创意城市"。此后，这个概念迅速流行开来，并被视为管理和发展城市中心的最佳理念（Donegan et al., 2008）。具体而言，创意城市理念呼吁城市应该积极打造、营销其市中心地区，吸引艺术家和其他创意人群定居、生活、工作和休闲（图 5.8）。佛罗里达认为，这些人群的聚集是促成某些城市中心区成功复兴的重要因素。为了更深入分析这个问题，佛罗里达正在研究一套精细的 NAICS[3] 就业准则，包括了设计、工程和艺术等职业。他在这项研究中发现，这些职业类别占比高的城市，经济活动也比较活跃，两者存在令人信服且具有统计学意义的相关关系。虽然很难具体证明，但是，创意城市作为城市规划概念，受到了许多人的接受和支持。[4]

对收缩的城市中心来说，佛罗里达为其扭转衰退局势提供了一种鼓舞人心且成本不高的路径。在我看来，创意城市仍是经济发展工具的一种，然而，此类举措在大部分情况下是行不通的（Dewar, 1998）。当然，有些城市因此在经济发展方面取得了成功。但是，对于处在长期性、结构性经济劣势的收缩城市而言，招募几十位艺术家并不会对其发展轨迹产生太大

图 5.8　参加每月音乐艺术节（Art Murmur Festival）的艺术家和居民们聚集在加利福尼亚州奥克兰市中心

影响；相反，本书前文提到的精明收缩或调整规模的方法可能会更有效果（或者可以同时实施这两种举措）。通过精明收缩的方法，收缩的市中心不仅需要努力吸引更多的创意阶层；同时也要思考如何对其物质空间进行改造，使得市中心能更好开展规模收缩后的土地和建筑再利用。

　　幸运的是，富有创造力的群体可以帮助解决一部分收缩问题。有效地管理收缩的城市中心需要创造力和聪明才智，艺术家们很适合思考创新的解决方案。我在 2014 年访问密歇根州底特律时，地方杂志和酒店大堂经理都推荐我参观城市的旅游地标：海德堡项目（the Heidelberg Project）。海德堡项目是个露天公共艺术展，占据了城市衰落居住区的两个完整街区，展出当地艺术家泰莉·盖顿（Tyree Guyton）等人（Young，2009）对十几个废弃房屋的翻新、装修和再利用的成效（图 5.9、图 5.10）。

图 5.9 底特律海德堡项目的布娃娃屋

图 5.10 密歇根州底特律的海德堡项目的"妨碍司法之家"（OJ House）

　　30 多年来，泰莉和追随者致力于为这个城市角落的空置土地和废弃建筑带来色彩和生命。这也许不是理查德·佛罗里达研究工作的重点，但是，海德堡项目代表了一种新的思路，如何让艺术家和创意经济在应对城市中心衰退中发挥作用。这个想法有时也称作"游击城市主义"（Guerilla Urbanism）或"战术城市主义"（Tactical Urbanism），即富有创造力的人群，摆脱土地所有权或区划条例等实际条件限制，自发地获取、占用、改造衰退地区的土地和建筑物（Lydon and Garcia，2015）。我个人最喜欢的项目是"种子炸弹"（the Seed Bomb），一群无政府主义者将裹紧的植物种子包随意扔向空地，在接下来的几周内，这些废弃地上就可能开出美丽的花朵。

4　研究选题

有关"商业促进区"的研究选题

　　虽然城市中心衰退是一个比较大的话题，但 BID 的出现给衰退影响研究提供了一种独特且有针对性的对象。研究可以有针对性地分析衰退的影响、关键参与者的反应，以及参与者行为产生的效果。在分析 BID 以及其他行动者群体时，研究者需要思考的问题是：

- 谁在管理城市中心的衰落？
- 城市中心区复杂多样的民间组织和政府机构，在面临衰退时，如何通过协作解决问题？
- BID 在管理收缩城市的各种变化时发挥了什么作用？
- BID 是否拥有合适的政策工具和足够的权力对城市中心区进行规模调整？

有关"大学城"的研究选题

　　高等院校与地方政府的关系本身就是一个棘手的难题，包含很多矛盾问题，例如短期利益和长期利益、战略思维和整体思维的冲突，以及如何在资源不断减少的环境中管理多方利益。需要思考的问题包括：

- 如何将"大学城"概念（即镇袍关系）应用于衰退城市中心的管理？
- 其中，高等院校应该扮演什么角色？
- 高等院校在哪些领域，已经成功参与到管理城市中心的衰退中？
- 从这些过往案例中可以借鉴的成功经验或失败教训是什么？
- 应该如何评价地方政府和高等院校在共同应对城市中心衰退方面的成功与失败？

有关"创意城市"的研究选题

在传统的经济促进发展工具包（拨款、贷款和税收优惠等招商优惠政策）之外，创意城市的概念又提供了一个新的、有效的政策选项。但是，其在真实世界中的实际影响并不那么乐观，更现实的观点认为，不断收缩的城市不太可能因为创意城市的提出而发生本质转变。然而，居民的创造力还是可以用来重新思考和重新利用被废弃的空间。与此相关的研究选题有：

- 与创意城市相关的政策在城市中心是如何实施的？
- 这些政策产生了什么影响？
- 创意人群如何在管理城市中心衰落方面发挥作用？
- 制度环境、文化和经济条件在影响结果方面发挥了什么作用？

5 研究方法

与前几章不同，本章我无法提供回答上述研究问题的任何新方法。传统的社会科学方法，比如统计数据分析、深度访谈、问卷调查和焦点小组访谈，以及社会聆听、城市设计分析和空间分析方法，都可以用来探索上述问题。诀窍在于如何运用在第 2 章中介绍的"研究三角",将问题、方法与数据相匹配。三角形的比喻很形象,因为对研究人员来说,问题、方法与数据三类要素都很关键,要不断调整直至它们能协同工作。本节想重点介绍的是数据,有哪些数据可以用于研究城市中心的衰退问题?

研究收缩的城市中心会面临的主要问题是,研究者无法获得大多数城市中心区的土地利用、住房、空置、就业和人口数据。事实上,城市中心并不是一个可用来获取人口统计或经济数据的有效地理区划单元。例如,美国人口普查数据在"美国事实查询"(the American FactFinder)网站上可以查询到。用户只需点击几下鼠标,就能获得各种地理尺度(从街区、县、选区或邮政编码区)下的种族、管道设施、通勤模式等方面的信息。但是,如果向人口统计局询问关于城市中心区的数据,就无法轻易得到很明确的答案。

城市中心区一般可以用"中央商务区"(Central Business District, CBD)来替代,这也是在许多地方的区划条例中使用的概念。例如,在缅因州的收缩城市刘易斯顿市,我与研究助理团队合作,想搞清楚其市中心范围与美国人口普查局的统计边界的叠合程度如何。如图 5.11 所示,城市的区划地图将 CBD 标注为 CV 区。虽然,图 5.11 中没有显示街道名称,城市 CBD 基本是沿里斯本街区域,加上周边几个街区,这与我们团队实地勘察的情况是一致的。大多数情况下,CBD 的边界由非营利性商业组织"美国商会"(the Chambers of Commerce)划定,然后纳入各地的区划条例。美国人口普查局则采用了一种拜占庭式错综复杂的、迭代性的、政治性的方法来界定社区边界。[5] 因此,有时候人口普查和 CBD 的界线是一致的,但大多数情况如图 5.12 所示的刘易斯顿。201、202 和 204 三个人口普查区,每个都覆盖了 CBD 的一部分地区,这使得我们很难准确描述城市中心区的人口状况。在正在进行的城市中心研究中,我采用多个人口普查区的算术平均值来估算城市中心的收入水平、空房率和其他的人口统计变量(只能粗略估计)。

研究面临的问题仍然存在:还有什么更好的数据来源?收集邮政服务

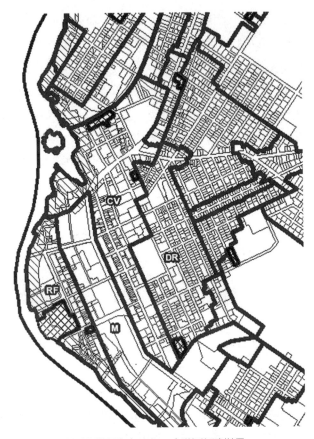

图 5.11 缅因州刘易斯顿市（Lewiston）详细的区划地图
注释： CV 区相当于城市中央商务区
来源： 刘易斯顿市政府网站

81 记录可能会反映一些空置情况；[①] 直接走访、观察房屋入住率并评价建筑质量也有所帮助；对企业主或管理者进行问卷调查，可以了解他们对整体商业氛围或发展趋势的态度。

　　著名的哈佛大学经济学家爱德华·格莱泽（Edward Glaeser）最近带领

---

① 在作者发表其他研究成果中，提到过美国的邮政部门的邮递员会标记长期没有人居住的房屋，这样的数据可以非常有效地反映城市住房的空置情况。——译者注

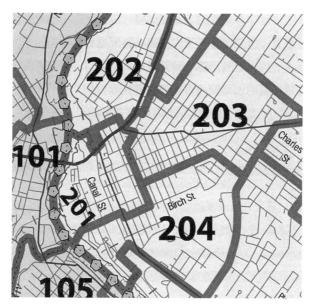

图 5.12　缅因州刘易斯顿市的 CV 区被人口普查区 201、202 和 204 覆盖
来源: 美国人口普查网

他的团队进行了一项研究，使用"谷歌街景视图"（Google Street View）作为反映建筑质量的数据记录，并由此推断居民的收入水平（Glaeser et al., 2015）。街景照片是涵盖世界主要城市主要街道街景的巨大的影像数据库。叠合历史上的桑伯恩地图和城市中心地图，街景数据也可用于研究城市中心的建筑空置模式。同样，由地方政府建筑管理部门或不动产评估人员维护的房地产数据库，也可以揭示城市中心区建筑物的权属分布情况。如果对不动产登记管理部门（马萨诸塞州的不动产登记工作集中于国家层面）的产权数据展开分析，可以揭示城市中心建筑物的所有权转让和止赎的历史发展规律。基于此，研究者可以了解：本地大学的实际占地范围，或创意群体所占据空间资源的真正所有权属于谁。

　　研究者也可以将这些非常规数据源与常规数据源（即来自直接观察和行政管理部门的数据）结合使用，用于分析城市中心的历史演化规律和未来变化趋势。在本章前面部分，我提到过一个悖论：在衰退的城市中心，

82

既要进行一定程度的规模收缩，又要保留一定的人群活动的聚集强度。要协调这一对矛盾，研究者需要关注上述关键问题和数据源，才可以打开分析收缩城市中心的土地利用现状和开发模式的窗口。研究者应该对城市中心以及成功进行精明收缩的城市案例展开深入分析，梳理出城市设计、土地利用、物质空间规划、社会、人口和经济等影响要素的作用。

6　研究范例

乔安娜·甘宁（Ganning，2016）的论文《美国的收缩城市中心区再开发的艺术稳定与增长：案例研究》（*Arts Stability and Growth Amid Redevelopment in U.S. Shrinking Cities' Downtowns：a Case Study*）是针对本章所讨论的话题展开分析的研究典范。

以密苏里州圣路易斯为案例，甘宁研究了艺术组织如何影响收缩城市中心，同时研究收缩城市如何影响艺术家群体。她的论文一开头就提出了问题：既然创意城市建设有诸多裨益，那么是否也适用于收缩城市？1950—2010 年，圣路易斯的人口流失情况比同时期美国其他任何城市都要严重，而且作者获取了城市的不动产权属数据，可以进行此类研究（图 5.13）。

具体说，甘宁的工作检验了所谓的"SoHo 效应"，即"随着地产开发的压力不断增加，攀升的房价会迫使艺术家们离开原本租金低廉的社区。"（Ganning，2016，第 241 页）她研究了在收缩的城市中心是否也存在"SoHo效应"。但是，在解答这个问题的过程中，她也建立了一套分析方法，以度量艺术家们是如何影响城市中心的。

圣路易斯案例很特别，2000—2010 年，整个城市流失了超过 8% 的人口，但市中心的人口增长了143%（Ganning，2016，第 239 页）！随着人们重拾对城市生活的兴趣，这个典型的收缩城市并不存在本章所强调的市中心空置和废弃的问题（尽管从圣路易斯整个城市看，这些问题的确存在）。

那么，到底是什么原因造成了圣路易斯在城市普遍收缩的趋势中还出

图 5.13　从圣路易斯市大拱门顶端看到的城市中心风貌

现了一个增长的城市中心呢？创意城市的研究者可能会认为是艺术家们的
作用。然而，在美国 29 个主要大都市区中，圣路易斯的艺术家集中度排名
最后（Markusen and Schrock，Ganning，2016）。但是，圣路易斯也有其他
都市区不具备的条件——艺术家能够担得起租金价格的工作空间。

　　甘宁仔细研究了单个建筑和整个街区的发展历史，以追溯艺术家的
来源：

　　　　"到 1993 年，已经有 25 年没有任何新住宅项目能够在圣路
　　　易斯市中心开发成功。建筑面积百万平方英尺的'大都会广场'
　　　（the Metropolitan Square）办公楼于 1990 年建成，大楼需要企业
　　　租户入驻，因此，他们说服了许多企业从华盛顿大道的旧阁楼中
　　　搬过去。从此，华盛顿大道失去了商业活力……具有讽刺意味的
　　　是，这反而给腾空出来的历史建筑带来了发展机会，早期的开发

商开始把这些建筑改造成阁楼公寓。1996 年，Artloft 开始缓慢尝试进行这样的开发……项目在营销和效益上都获得了全面成功，四个月内就达到 100% 入住率……在项目首位居民入住后的 18 年里，ArtLoft 的公寓住房从未出现过长期空闲。"（ArtLoft St.Louis，Ganning，2016，第 241 页）

关于艺术家是如何入驻圣路易斯市中心的详尽叙述表明，其对城市中心的再开发还会产生更巨大的后续影响。甘宁研究了艺术相关企业和其他类型企业与市中心再开发是否存在关系（通过就业、投资和人口密度衡量）。她研究的核心部分是对新统计数据和空间数据的分析："研究所用的是经过清理、整合后的多源产权数据，其中很多数据只能通过个人本地联系和职业关系才能获得。"（Ganning，2016，第 240 页）

通过分析这些数据，她发现艺术对城市再开发的影响不具有显著相关性，由此得出结论：创意人群并没有对市中心的再开发产生影响（甘宁认为，由于圣路易斯市中心普遍缺乏以艺术为基础的再开发规划，这导致艺术产生的影响无法被预测）。当然，这些发现不足以证实或推翻先前描述的"SoHo 效应"。

然后，甘宁反过来思考，城市中心的再开发项目是否会对艺术相关的企业产生积极的影响？她发现了这一点具有统计学意义上的显著相关关系："城市中心再开发项目似乎推动了艺术相关企业的工作职位的增长。"她总结道：

85

"这项研究表明，在市场疲软的城市中心区实施再开发项目，并不会对艺术相关企业产生影响，从而迫使其搬迁到租金较低的社区。事实上，该研究分析为相反的假设命题提供了初步证据：在一定范围内，城市再开发与艺术相关企业的就业情况变化在统计学上具有显著正相关性。在收缩的城市中心，再开发项目意味着大量投资的涌入，这些资金可以给艺术家的发展提供支持，而在城市再开发之前，根本无法消耗本就已经过剩的经济适用房。"
（Ganning，2016，第 247 页）

这些研究结果对收缩城市相关知识的重要贡献，证明了在诸多研究主题中城市中心区问题非常重要。甘宁是通过"提出有事实依据的研究问题""运用有效的研究方法"以及"找到独特且相关的数据来源"（"研究三角"框架的作用）进行研究的。当然，这项研究同样也有其局限性。鉴于本书的主题，"是什么促成了城市中心再开发"是个关键问题。甘宁尝试设计一套用于分析街区再开发项目的指标体系的思路值得称赞，选择从"投资、人口变化和就业变化"（Ganning，2016，第 243 页）等方面展开分析也是完全合理的。然而，在很多方面，还可以针对不同问题开发不同的指标，从而得出不同的研究成果。有些解释指标可以关注街区的物质空间特征、建筑物占用情况以及再开发的效果。另一些指标还可以考虑将投资的权重加大，强调投资相比人口、就业的重要性；或者，可以以工资数据替代就业率数据，体现就业质量的差别。总之，以上所有这些建议都只是为了强调变量的选择在此类分析和收缩城市研究中的重要性。

注释

[1] 大多数城市的 BID 涵盖中央商务区。但是，有多个商业中心的大城市常有多个 BID。例如，根据"纽约市和社区中小企业发展服务部"（the New York City Department or Neighborhood Development）的数据，纽约市共有 72 个 BIDs（2016 年）。

[2] 以本科生的申请人数和选择性来度量。

[3] NAICS（North American Industrial Classification System）即北美工业分类系统。

[4] 据佛罗里达个人网站介绍，他曾给全球许多城市提供发展咨询（Creativeclass.com，2017）

[5] 详见 https：//www.census.gov/geo/reference/gtc/gtc_ct.html。

第6章 社会公平

我的职业生涯开始于1998年，在马萨诸塞州中北部菲奇堡（Fitchburg，总人口大约4万）的区域规划机构担任城市规划师（图6.1）。菲奇堡作为美国后工业城市、锈带城市，其全盛时期已经过去了30年。我工作的第一天就遇到了麻烦事。

高犯罪率、公立学校资金不足、城市政府财政紧张，再加上持续的人口流失压力，菲奇堡并不是一个非常具有吸引力的城市。我来到菲奇堡的前几年，城市人口流失了超过5%（根据1990—2000年美国人口普查数据）。

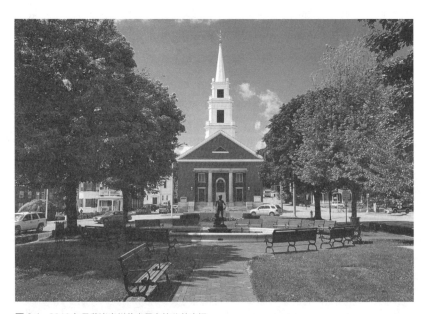

图6.1 2013年马萨诸塞州菲奇堡市的公共广场

作为区域规划师，我的工作是负责分析城市发展的宏观背景。我很快发现，87
该区域的发展模式大部分都是以增长为导向的。然而，伴随着菲奇堡周边
郊区和农村社区大量人口和新住房的涌入，当时马萨诸塞州中北部多数地
区面临巨大的增长压力。

我的主要工作任务是为土地利用政策的制定提供数据和分析支持，研
究如何让新住房开发项目避开近郊和远郊城镇，并将房地产投资和新移民
疏导集中到城市中心，譬如菲奇堡城区。我将精明增长理念在整个区域传
播，向当地农民、消防志愿者、足球妈妈 ① 和当地官员不断宣传：城市增
长即将到来，他们需要选择是放任其发展？还是精心地管理这种发展？我
指出，在这个距离繁华大都市波士顿仅 50 英里的地方，存在着整体的经济
下行趋势。我简要介绍了美国宪法中的相关规定，宪法规定地方政府不具
备限制新房地产开发的能力。美国和各州法律同时也限制了郊区社区和农
村社区（例如，总人口 6000 的阿什伯纳姆、总人口 9000 的汤森）新地产
的开发。我呼吁：通过控制和限制边远地区新开发的规模、范围和设计特
征，同时提高城市核心地区的社区吸引力，使该区域以更加公平、可持续
的方式适应新的增长。

然而，我的认识基本上都是错误的。虽然我所倡导的各种政策和区划
工具（被郊区和农村社区广泛采用）在控制增长方面略有成效，但是，实
施 10 多年的菲奇堡市吸引力提升策略却没有产生任何影响。这个城市的发
展问题是结构性和长期性的，远超出我们这个由 6 名规划师组成的机构所
能影响的范围。这次经历给我的教训是，无论规划师多么自信，城市衰退
趋势常常难以改变。

正是这种经历（及其他类似情况）使我开始接受"精明收缩"理念——
不要与宏观的经济和人口力量对抗，而是要尝试顺应和管理它。规划师总
喜欢建议人们搬到菲奇堡这样的地方，我认为这是一种居高临下的傲慢

---

① "足球妈妈"（Soccer Moms），美国俚语，指住在美国郊区并花很多时间在培养小孩上（如带孩子
参加足球班）的妈妈们。——译者注

88 态度。在一次特别的公众参与会议上，我做了一场精心准备的演讲，反复强调了搬入城市中心社区的好处，以及搬到郊区和农村社区的不良影响。我喋喋不休地谈论着紧凑的城镇增长模式所带来的各种好处：可利用现有基础设施、高密度聚集适宜建设公交网络、有利于保护农村优美的环境和能够让自然生态资源不受影响 [见报告《城市蔓延的成本》(*Coasts of Sprawl*) [1]]。新居民的加入和新房地产的投资（通过修复旧建筑或开发新建筑）一直被吹捧为是对菲奇堡市穷人有利的好事。是的，这就我说的居高临下的傲慢态度。

近年来，人们重拾对城市生活的兴趣，帮助信奉精明增长理念的规划者实现了梦想。被冠以"绅士化"之名，大量的新居民（主要是白人和富人）搬进了菲奇堡中心城区（Smith and Williams，1986；Smith，1996）。虽然，由于将原住民及其社区设施迁出，绅士化常常被批判为不公平。但是换一个角度，绅士化也是实行精明增长策略能带来的顺理成章的结果：人们意识到城市中心比偏远的乡村更具吸引力，于是集体搬迁到城市中。但是，菲奇堡（超过五分之一的居民是非白裔）这种种族多元汇集的城市明显不同于马萨诸塞州中北部的周边其他地区，那些地区中白人比例高达95%（美国人口普查，2016）。因此，规划者的梦想是将白人、富人吸引到种族多元地区，但是从绅士化的角度来看，这可能是城市原住民的噩梦。

城市复兴和再开发的过程极其复杂，绅士化等概念将这个复杂的过程非常不恰当地简化处理了。我们的确知道，激励人们向城市地区迁移的公共政策在实施过程中往往不会秉持种族中立的倾向（Smith，1996）。尽管这种大规模的种族迁移已经备受质疑，但学术文献目前仍然主要关注公正和公平的城市增长是怎样的（Agyeman et al.，2003；Agyeman，2013；Hollander and Soule，2017）。

在收缩城市中，贫困的城市居民生活艰难，这一点毋庸置疑。他们往往比增长城市的居民更贫穷、受教育程度更低、健康状况更差（Beauregard，2009；Hollander et al.，2009；Pallagst et al.，2014）。因此，当我们研究收缩时，需要考虑公平、种族和正义的问题。

在开展研究过程中，消除种族这一变量的作用非常简单。坦白来讲，89
不这样做的话反而可能会令人不安。我最近有幸担任一名博士生的答辩委员——暂且称这位学生杰姬。她的研究是关于美国南部一个快速增长中的城市的空置和废弃资产。她运用了精细的统计模型来研究不同土地利用类型的空置、人口及物质空间特征之间的关联。杰姬在整个分析过程中将种族作为一个自变量，问题是在研究城市废弃问题时，这个变量一直与房屋废弃呈现出统计上显著的相关因素。换句话说，杰姬的研究表明，非裔美籍人比例高的地方房屋废弃现象更为严重。此外，其他几十项研究也证实了这种关联性，但是，我个人仍然很难认同这样的结论。

在研究生阶段学习定量分析方法时，我了解到因果关系很难被准确证明。例如，可以认为，饥饿感会导致我吃冰淇淋，但是在这样的分析中，可能存在其他被忽略的影响变量（比如没有吃早餐或者几英里内没有其他可供选择的食物）。如果仅因为"饥饿"在回归分析中是一个统计意义上的显著变量，也并不意味着它必然导致我吃了冰淇淋。同样，研究人员必须谨慎对待种族和衰退之间的因果关系。这两个变量存在相关性并不意味着两者之间具有因果关系。

这里有必要介绍一点背景知识。著名的 19 世纪英国哲学家约翰·斯图尔特·密尔（John Stuart Mill）提出过处理因果关系的必要规则（1884年）。他认为确定因果关系需要三个条件：（1）时间顺序，事件起因需首先发生（如我在吃冰激凌之前感到饥饿）；（2）相关性；（3）"非虚假关系"（Non-spuriousness）。最后一个条件通常是影响因果关系建立的主要原因。非虚假关系要求所有其他可能的解释都能被排除。在吃冰淇淋的例子中，这一点很难做到。设想一下，在这个极其复杂的城市研究领域中，试图厘清种族构成在影响土地空置和房屋废弃问题中所扮演的角色是件多么困难的事。

当一项研究表明非裔美国人在社区的占比导致 X、Y 或 Z 时，先不要随意相信这种因果关系。我们需要进行更加深入的思考，检验其是否遵循了密尔所提出的建立因果关系的三个条件？我打赌不符合。在复杂的现实

90　世界，符合非虚假关系条件的城市研究实际上不可能存在。那么，杰姬的研究究竟发现了什么？可能是种族和收入的高度相关性，可能是美国南部城市历史上种族隔离模式的产物。这无疑是一个值得展开进一步研究的发现，但是，却还不能够称之为有意义的研究结论。[2]

　　在这本关于收缩城市研究的书中，本章的目的是强调正义、种族和公平问题。首先，本章会详细地探讨几个相关的研究主题。然后，本书将给出一系列重要研究问题。最后，本章给出回答这些问题的方法和建议。本章讨论的主题包括：老年人和少数群体如何融入更大社区（通过隔离、住房政策和其他机制）、研究者偏见、家长式作风（Paternalism）以及社区行动研究（Community Action Research）。

1　城市的真正居民？

　　当我们开始对一个地方开展研究时，首先需要了解一些背景知识，然后设计分析该地特征的比较研究框架。例如，仅仅知道穆斯林占英国曼彻斯特地区人口的 5% 是不够的，只有与穆斯林在整个英格兰中的占比（3.1%）相比，该统计数据才有意义（Office for National Statistics，2011）。

　　在美国收缩城市，人口统计特别关注：（1）更贫穷；（2）受教育程度更低；（3）非白人；（4）老年居民。但是，严谨的科学研究还需要对这些特征进行深入调查，分析为什么在某些地方比其他地方的人口比例更高。

　　以住房问题为例，收缩城市是住房市场供需不匹配的典型代表。随着地方的吸引力下降（常见原因是就业率下降，但犯罪、财政、污染和自然灾害等其他因素也会有所影响），在城市中居住和工作的需求也将下降。不
91　幸的是，建筑物不会随人的离开而自动消失。著名经济学家爱德华·格莱泽和约瑟夫·久尔科（Glaeser and Gyourko，2005）写过一篇有关这个问题的开创性论文，描述了住房的耐久性。当人们从收缩城市迁出时，建筑物会留下来。人口减少而建筑物数量不变，住房的价格就会下降。此外，还

会伴随出现一个相关的住房现象——住房"过滤"[①]（Filtering）。在这个过程中，较低的社会经济阶层会成功地占据越来越多的老建筑。最终，与其他城市相比，收缩城市中的住房存量变得更加老旧，更加缺乏维护，价格也更低。

收入和受教育程度往往是高度相关的，因此，租金较低的街区的居民平均受教育程度通常低于增长地区，这很好理解。需求侧下降（同时，由于住房的耐久性，住房供应侧基本稳定）将影响地方财政健康。由于基于资产价值征收的房地产税是地方政府提供公共服务的主要资金来源（如美国），收缩城市的地方公共教育经费也将受到影响。糟糕的财政情况将导致地方政府无法为儿童提供优良的教育，导致整体受教育程度低下。

在收缩城市研究中，种族是一个无法回避的问题。美国城市的收缩模式中很少不考虑种族因素。正如杰姬（前文所述）努力于将种族视为研究变量之一，所有研究者在进行研究设计的时候，似乎都应该意识到种族不平等问题。美国的大多数城市研究都会探索种族和收入之间的相互关系（Henderson，1975；Galbraith，1998）。正如我之前强调的那样，这种相关性很可能是其他社会关联关系的产物。

要进一步了解种族和收缩的相关性，首先需要从研究历史开始，并了解历史上的居住空间模式是如何导致收缩的种族化的。在美国，历史上的住房歧视限制了黑人和拉丁美洲人的居住选择范围，导致城市地区贫民窟的出现（Wilson，1987）。[②] 理论上，纯粹基于种族或民族的人口集中模式能在大多数美国城市中以白人为主的市场旁边创造一个平行的住房市场。不幸的是，相比于白人市场，这些"贫民窟"的发展遭遇了许多负面影响（歧视、政治和法律障碍以及不公平的商业行为）。因此，这些居民的整体经济

---

① "过滤"（Filtering），指住房市场中最初为较高收入群体开发的住房，随着时间推移，由于房屋发生老化，价值和租金价格不断下降，慢慢被中等收入群体占据，最终又转向低收入人群使用的过程。——译者注

② 这里指19世纪中期美国在郊区化过程中出现的大量住房相关的种族歧视现象，例如，有色人种在申请购买郊区住房、申请住房贷款、房屋交易中受到很多不公平的限制，导致少数族裔只能聚集在城市中心或者特定片区，很多最后变成了低收入、高犯罪的城市问题地区。——译者注

92　表现受到了严重冲击（Wilson，1987）。这意味着，在经济繁荣时期，黑人和拉丁裔人社区成为许多城市的"廉租区"（Low-rent，Districts），在萧条时期，这里则会变得更加贫困。

　　20 世纪 50 年代，当底特律、费城和布法罗等城市开始出现人口流失时，受影响最严重的就是廉租区，主要是非白人地区。最终，随着这些城市和周边其他城市逐步衰落，以白人为主的社区也面临着空置和废弃问题。20世纪 70 年代，《公平住房法》（*the Fair Housing Act*）[①] 和相关政策开始整合这些白人社区，种族不再是导致社区空置现象的决定性原因，而仅仅是众多因素之一（图 6.2）。

图 6.2　纽约布法罗东部的废弃和破败的住房

---

① 《公平住房法》（*the Fair Housing Act*）是由美国联邦政府颁布的保护购房者和租房者公平权利的法律，保障个人在从事购房、租房、申请房屋贷款、领取住房补贴等相关活动过程中，不会因为个体某种特点（种族、民族、宗教、性别、国籍、家庭结构、生理心理疾病等）而受到不公平的待遇。——译者注

2　收缩城市的老人

　　当老人退休后，会舒适地居住在自己理想的家中。他们的收入通常是 93
固定的，每月领取固定的退休金，因此，也就没有再次进行迁居的动力和
能力。对于一些年长的居民来说，现在居住的社区可能就是长大的地方、
抚育孩子的地方，以及他们唯一想生活的地方。如果这个社区正在衰落，
就可能会发生很大的变化，例如前面讨论过的：变得更穷、受教育程度更
低、白人更少。然而，退休的老人已经不再能够承担得起迁徙，收入限制
了他们寻找新住房并搬走的可能。对于这些人来说，虽然熟悉的社区发生
了变化，不再如以前；但是，这里仍提供了稳定的住所和舒适的情感归属。

　　在马萨诸塞州新贝德福德进行人口流失方面的调查时，我遇见了已经
80 多岁的莎莉（Shari）（图 6.3）。她就出生在自家房子里，那是一栋 3 层
木结构建筑，距离她父亲和祖父工作过的大型工业园只有两个街区。园区
在 20 世纪 90 年代就关闭了，因此，她所在社区的住房需求急剧下降。正
如她自己说的，家附近的居民都是那些有资格领取政府住房补贴的人或退
休老人。莎莉的 3 层住房被分成 3 套公寓，她一个人住在顶层。"家庭健康

图 6.3　俯瞰马萨诸塞州新贝德福德港口的城镇景观

94   助理"①（Home Health Aides）定期来访，子女和孙辈也来看望。房子的另外两层长期住着租客，租金收入能帮助她偿还房屋按揭贷款，最近，还帮助支付了维修房屋和更新设施的费用。

已近暮年，莎莉眼看着自己的社区正在发生改变。"新"邻居（贫穷的黑人和拉美裔家庭）带来的犯罪危险和噪声干扰，让她感到无助和沮丧。近些年，她一直让房屋的下面2层空着，不愿以很低的价格出租出去，避免引入这些陌生人，给生活带来麻烦。同时，她也绝不会考虑搬走，因为这里是她的家，而且一直都是。此外，新贝德福德目前的房价如此低，即使她能够应对搬家的压力和克服身体上的困难，也无法以足够高的价格出售现在的房子，搬到附近的任何地方。

对于老人来说，生活在收缩城市会面对一系列特殊的压力：面对变化的无助感、需要不断适应新邻居和新经济形势变化、被困陷在某处的强烈感觉。老年人是特别脆弱的群体，让人觉得身体上虚弱的同时还看上去很富有，很容易被锁定为盗窃的目标（Covington and Taylor, 1991；Pain, 2000）。

3   研究者偏见、家长式作风和社区行为研究

正如上述问题所表明的，社会公平问题是收缩城市研究中的重大挑战。好消息是，你可以采用一些久经考验的研究策略来认识、解决或规避这些偏见。本节将重点介绍由于不严谨的研究导致收缩城市中的社会不平等被放大或恶化的案例。进而，我将引介"社区行动方法"（Community Action Approach）作为解决问题的开端。

如果你是博士研究生或专业研究员，你的受教育程度肯定比收缩城市的普通居民要高很多。这可能成为研究过程中的一个问题。如果经济收入

---

① "家庭健康助理"（Home Health Aides）即家庭护工，为居家的病人、老人或残障人士提供必要的医疗护理和生活帮助。——译者注

很高，甚至是个白人，你会遇到更大的问题。作为塔夫茨大学的新教师，我自己第一次造访俄亥俄州的扬斯敦时年仅 30 岁，我的经历就是很好的 95 例证。

拿到了博士学位之后，我在一所拥有 10 亿美金捐款的私立大学找到了一份终身教职。虽然当时我的个人收入不高，但相比于绝大多数扬斯敦居民来说，我已经算是非常富有了。当时扬斯敦的家庭收入中位数是 21850 美元，在美国 6.5 万人以上的城市和城镇中是最低的（Christie，2007）。我是个白人，而在这个经历严重衰落的社区，居民主要为黑人和拉丁裔。除此以外，那时的我年轻且缺乏社会经验。

抵达城市的第一天，主要联系人和几个非营利组织热烈地欢迎了我。他们花时间带我参观游览，将我介绍给居民，并向我解释各种城市政策和项目。但是，我在很多方面都是一个局外人，所以以我很难让他们感觉轻松，也很难融入他们。我调查走访的主要目的是与当地官员、社区领袖和居民进行一对一的面谈。坦白说，我的访谈计划面临了巨大的阻拦。人们很有礼貌，也都回答了我的问题，但是，我一直无法找到机会深入理解他们，一直无法打破障碍，了解到真实的故事。采访城市规划师是唯一的例外，因为规划师与我有相似的学术背景、硕士学位、丰厚的报酬，而且都是白人。我从他们那里获得了对扬斯敦的基本了解，但是并不完整，我的这次实地调研缺少不同人群视角下的不同观点（图 6.4）。

我做了一件非常正确的事情：对调查的社区预先进行了充分的前期研究。我将大量的统计数据制成表格，描绘了扬斯敦社会经济概况，了解扬斯敦城市本身以及周边区域的基本情况，甚至包括俄亥俄州的情况。这些表格和地图为我研究扬斯敦的社区打下了基础，但还是无法让我接触到居民，也不足以让我能够提取有效、真实、可靠的城市生活信息。

为了提高调查研究的成功率，我学习了"参与式行动研究"（Participatory Action Research）方法。通过该方法，研究人员可以与社区成员展开充分合作，共同计划、设计和完成研究课题。在塔夫茨大学同事的建议下，我联系了马萨诸塞州切尔西的一个非营利组织。切尔西是一个与波士顿接壤

96

图 6.4 俄亥俄州扬斯敦的阿灵顿大道

图 6.5 马萨诸塞州切尔西（前景）和将其与波士顿连接起来的托宾大桥（背景）

且主要由工人阶级组成的工业城市，既有稳定的人口，同时也有许多犯罪、贫困和空置之类的城市问题（图 6.5）。非营利组织的领导人希望将原来的滨水工业区改造成滨水绿地，以提高城市居民的福祉。我深入了解了参与式行动研究方法，准备投身其中。

97　　我学习到的第一件事是：研究人员必须放开控制。领会这一点并不容易，这个项目的最终结果与我想象的样子相差甚远。相关经历被我写成论文，发表在《社区发展期刊》（*Community Development Journal*）上，题为"保持控制：社区发展中社区学术研究的悖论"（Keeping Control：the Paradox of Scholarly Community-based Research in Community Development）（Hollander，2011b）。该项目最终大获成功，并影响了该市正在进行的一系列其他规划。尽管我在文章中抱怨，失去控制力使我更加难以利用这项研究推进自己的研究计划和职业目标，但最终所有的抱怨都像是在无病呻吟。在《社区发展期刊》上发表的文章很受欢迎。同样是这个项目，我在影响力更大的《景观与城市规划》（*Landscape and Urban Planning*）期刊上发表的另一篇文章也颇受好评（Heacock and Hollander，2011）。

　　一般研究方法通常将社区置于显微镜下观察，参与式行动研究则将显微镜交到社区手上，教他们学会观察。在切尔西的亲身经历让我相信，正是通过这种方法，研究人员才能最大限度地克服局外人身份与研究对象的差异带来的偏见。

　　通过接受学术训练，我们相信自己比普通人更聪明，更有想法，并且能够解决他们的问题。这些认识都是错误的。受教育程度和聪明才智并不总是相关联的。对某地区正发生事件的最深入的认识，往往来自生活或工作在那里的人。社区问题的解决办法必须来源于社区本身，或者至少是社区居民乐于接受的方案。最糟糕的事，就是凭着我们所受的高等教育以及其他优越地位居高临下地告诉人们，他们居住的城市出了什么问题，他们应该怎么做。从 20 世纪初城市规划职业正式诞生以来，这种家长式作风一直是规划师的标志。但是，今天的研究人员不应该再接受这样的工作方法。在自己进行收缩城市研究中，我努力将谦逊作为研究的关键特征。带着对"本地知识"（Local Knowledge）的深深尊重和某种"无知"的谦虚姿态，我试着向研究伙伴传达这样的讯息：我期望了解他们的故事，并进行合理恰当地分析，并从他们的角度（而非我的视角）提出建议。

4 研究选题

收缩城市中涉及社会公平的关键问题，首先可以通过简单剖析种族、收入和年龄的空间分异模式得出研究问题：

- 如果分别考虑收缩城市中的以上变量，人口流失对城市人口分布的影响有什么规律？

其次，研究选题应该深入探索更复杂的因果关系，可选的研究问题包括：

- 为什么历史上形成的"空间分异模式"（Spatial Segregation Patterns）在城市收缩中还会一直持续存在？
- 在人口流失过程中，是什么原因导致了有些社区历经了更明显的种族、收入或年龄层的空间集聚，而在有些社区，同一时期却是趋向越发分散？
- 地方、州和联邦政策对这些收缩地区的空间分异模式有什么影响？
- 哪种策略最有效？为什么？

针对前面探讨过的每一类特征，还有很多值得深入探究的研究问题。例如：

- 在黑人、白人和拉美裔人之外，收缩城市的种族和民族问题是如何发生的？
- 美国种族歧视的遗留问题如何与其他同样经历人口流失的国家进行比较研究？
- 像中国这样种族趋于同质的国家的情况是怎样的？

- 进而分析，像壮族（中国）这样的少数民族在收缩城市中的境遇如何呢？

可以通过提出更加明确的研究选题审视规划专业的研究人员（或学生）在分析收缩城市时的傲慢姿态。例如：

- 在社会科学研究中，研究者的偏见如何对收缩城市研究结果产生影响？
- 研究者或规划师在什么情况下会在收缩城市的统计分析中纳入种族变量？
- 当研究者发现种族和人口减少之间的相关关系后，是如何推测它们之间也存在因果关系的？

这样的批判性思考也适用于提供规划咨询或进行其他规划或政策研究的专业人员。因为他们也会使用科学研究方法分析收缩城市，并将研究发现作为提出"家长式"咨询建议的基础。这里值得研究的科学问题包括：

- 研究人员的主观立场是如何影响他们的咨询建议的？
- 分析收缩城市并提出咨询建议的研究者之间如何整合或交流他们的价值观？
- 收缩城市研究者通常的参与身份（局外人或局内人）是什么？　　99
- 这对研究结果的有效性和可靠性有何影响？

5　研究方法：　民族志研究、参与式行动研究

如果你在德国莱比锡长大，在莱比锡大学学习，并希望通过研究这座著名收缩城市开启职业生涯，你一定认为所有条件都具备了，一切就会非常顺利，对吧？如果是这样，那你就错了！

当然，与飞机刚降落在扬斯敦时的我相比，长期生活在莱比锡的你的研究基础会好很多。但是从本章中提出的社会公平问题看，那些土生土长的莱比锡居民在试图开展研究时仍然需要小心谨慎。前文介绍的参与式行动研究方法是有用的策略，其中关键要建立与社区团体、非营利组织和居民组织的联系，并与这些团体形成互惠互利的关系。这意味着，你的研究应该能够获得足够的资金支持，用以支付自己的时间投入，以及合作伙伴参与研究的花费。在心理学研究中，研究者会付给愿意接受实验（比如用电流刺激大脑）的研究对象每次 25 美元的费用，但是，城市研究中却很少给参与者支付酬金。参与式行动研究方法表明，向个人或组织支付小额补偿，有利于在更大型的研究项目中开展合作，并且能获得更有效和可靠的见解。

研究结构与研究经费一样重要。最好的参与式行动研究需要提供清晰明确的指导方针，记录并形成书面上的"协议备忘录"（Memorandum of Agreement，MOA）。这份文件可以成为有用的规划工具，帮助研究项目的每个成员——传统的首席研究员（Principal Investigator，PI，如大学教授）、社区合作伙伴（如社区组织），也许还有政府合作伙伴（如地方政府规划部门）——了解他们的角色和职责、时间表、期望和结果，以及应该如何回应外部质询，以及如何最终汇总研究结果。

除了参与式行动研究方法之外，涉及多元的伙伴关系、安排、资金和共识的另一个替代研究方法是"民族志研究"（Ethnography）。这通常是社会学家和人类学家的领域，目前，越来越多的城市社会科学家开始使用民族志研究方法，通过研究弱势群体来寻找保障社会公平、道德公平和克服道德挑战的路径（Gaber and Gaber，2007）。

民族志学者以"孤狼"① 风格而闻名，但是，如果成员间密切协调，小团队也可以完成民族志研究。这种方法能帮助研究人员进入那些起初不接受他们的封闭社区。民族志研究的缺点是消耗时间，甚至可能持续数年。

① 指喜欢独来独往，研究者个体独自展开调查研究工作。——译者注

我在新贝德福德进行的四年多研究本质上是民族志研究，我不断地回访这个城市，参加艺术节、社区组织会议，和市长共进午餐。定期而频繁的来访有助于建立信任、融入社区，当最终需要进行采访时，我已经是一个被熟知的人。人们曾经看见我在当地"No Problem"墨西哥卷饼店吃饭，在"Tia Maria"的店里享用拿铁咖啡，或是在公共图书馆的书架间穿梭。随着时间的推移，民族志研究方法有助于我克服最初的"局外人"身份限制，可以使我的角色更加人性化，年龄、经济地位和职业等限制由此变得不那么凸显。人们不再认为那是一位塔夫茨大学的白人教授，而是个戴着海军蓝色棒球帽和穿破旧凉鞋的家伙。一旦这种认识建立起来了，社区的大门就向我打开了。我就可以成为一名优秀的深度访谈的采访者或焦点小组访谈的主持人。我就可以讲述一个收缩城市的真实故事了。

6　研究范例

过去 10 年中，爱丽丝·戈夫曼（Goffman，2014）出版的《在逃：一个美国城市中的逃亡生活》（*On the Run：Fugitive Life in an American City*）是最受关注的城市民族志研究成果之一。虽然没有直接研究人口流失问题，但她在书中记述了费城一群贫穷黑人青年的生活，而这个城市的人口从 1950 年的约 200 万峰值下降到如今的约 150 万（图 6.6）。[3] 大规模的人口缩减带来了很多问题，不仅体现在城市的物质形态、空置用地和废弃建筑上，也体现在黑人和拉美裔居民的高犯罪率（分别为 29% 和 44%）和极度贫困上（Pew Charitable Trust，2015）。

戈夫曼的研究致力于理解司法系统如何影响费城贫困的黑人社区。她对自己研究目标的解释如下：

对于时刻担心被警察拘留的（费城）第六街区年轻人来说，　　101
那些被其他人看作生存基本需要的日常关系、地点和活动形成了
一张危险的"陷阱网"（a Net of Entrapment）。跟警察和法院打交

图6.6 费城第二街区

道是一件很危险的事情，去工作或出现在医院等其他场所也很不安全。母亲家不再是借宿、聚餐、获得接纳和支持的安全港湾，而成为"最后已知地址"[1]（the Last Known Address）。当警察要找他们时，这是首先搜寻的地点之一。近亲、朋友和邻居都有可能成为潜在的"线人"。（Goffman，2014，第52页）

在这种环境下，她运用了民族志研究方法理解黑人青年男性如何在这样的"陷阱网"中生存。这种生存方式消耗了整整一代人，戈夫曼揭示了种族、贫困和犯罪之间的真正关系：

---

[1] "最后已知地址"（Last Known Address），指登记在案的官方最后居住地址，用于政府邮寄税务、法务等相关正式信件的地址。例如，当法院传票不能直接送达而需要采用邮寄方式送达时，会将传票寄往被告的最后已知地址。——译者注

　　在这个社区，当许多年轻人进入 10 多岁或 20 多岁出头年龄的时候，司法系统就已经基本上取代了教育系统，成为影响青少年成长的关键要素。赋予这些男孩和青年的新社会角色不是"新生"或"学长"，而是"被告"或"囚犯"，他们将很多时间花在法庭而不是课堂上，参加审判听证会和缓刑会议，而不是参加舞会或毕业典礼。（Goffman，2014，第 109 页）

102

　　为了获得她想要的调查信息，戈夫曼（Goffman, 2014）在研究中运用了很多技巧：常拿自己的优越地位开玩笑（同上，第 234 页）、"社会渺小化"①（同上，第 237 页）以及参与观察（同上，第 242 页），试图让她的存在感降到最低。为了让她的存在不引人注目，她不得不在某种程度上隐藏自己："我的目标是了解第六街区居民的生活，并且希望我的突然出现不要产生影响，我会试着尽可能地少占用社会空间"（同上，第 237 页）。她作为参与观察者，"与麦克以及他的朋友和邻居一起生活、工作，这样我就能作为一个局内人，从内心理解他们每天的忧虑和小欢喜"（同上，第 242 页）。

　　她的优越地位意味着什么？她写道：

　　人们问过我，在进行实地调查时，是如何"克服我的优越地位"。这是一个好问题。显然，我是一个来自受过良好教育和来自富裕家庭的白人女性。事实上，除了白人、受教育程度高和富有，我还有更多优越的标签：我父亲是一位杰出的社会学家和实地工作者……但是，这些优势似乎都没有转化为社会学家兰德尔·柯林斯（Randall Collins）所说的"情境优势"（Situational Dominance），至少不多。在第六街区，我常觉得自己像一个白痴、一个局外人，有时像一个无能为力的年轻女人……在许多情

---

① "社会渺小化"指研究者选择在社会调查中尽可能地让自己渺小，减少社会存在感。——译者注

况下，由于缺乏地方性知识，我常常处于当地社会等级的最底层。
（Goffman，2014，第 231 页）

尽管处境不佳，但是，她还是成功地深入研究了这个社区。戈夫曼了解了麦克及其朋友们在费城第六街区的行为动机和生活经历，并形成了深刻的见解。她没有将种族视为统计分析中的某种变量，而是将这群黑人青年看作非常亲密的私人朋友，并且与他们居住在同一个社区，约翰·斯图尔特·密尔一定会对这种方式大加赞赏。通过这样深入调研，她才可以讨论因果关系，谈论司法系统如何导致不恰当的行为，并谴责这一过程有多么不公平，多么损害青年人。也正是因为使用了恰当的研究方法，她才可以提出如此深刻的主张。

但是，我之所以选择戈夫曼的书作为案例，还因为她的方法也受到了公开质疑（Lewis-Kraus，2016）。一连串匿名的、公开的批评掀起了一阵阵风浪，她的故事刊登在《高等教育纪事报》（ *the Chronicle of Higher Education* ）、《纽约时报》（ *the New York Times* ）和《新共和》（ *the New Republic* ）杂志上。她被指控捏造引用、谎报日期和地点。甚至，由于某位朋友意图杀害某个对手时，她与他们共同乘坐一辆汽车，有位评论家指控她是这桩谋杀未遂案的从犯（Lubet，2015）。

在向纽约时报记者讲述她自身的挣扎时，她说道：

他们接受了你，不是为了让别人看见他们……也不是因为你是个学者，会写一些没有人读的东西。他们接受你的加入，是因为觉得你现在已经是朋友了。他们完全忘记了你正在写书，即便你总是提起这个事情。所以，这对我来说，更像是背叛了家庭成员，出卖了自己最关心的人的秘密。（Lewis-Kraus，2016，n.p.）

在研究收缩城市时，爱丽丝·戈夫曼的研究是一个很好的范例——但是要小心各方面的批评和审查，并且注意不要在研究过程中参加犯罪活动。

戈夫曼很好地融入了受人口减少影响最大的一类人的生活，并克服了城市社会科学家在社会公平研究中常常面临的方法论挑战。她出色地研究了种族、贫困和权利剥夺等问题，并给大家呈现了深刻的个人观察，将自己的偏见摆在桌面上，让读者自己判断。总而言之，她是世界各地的收缩城市研究人员的榜样。

注释：

[1] 房地产研究公司（the Real Estate Research Corporation，1974）；（Burchell et al.，1998）。

[2] 在此无意要贬低杰姬。她的论文答辩很成功，在进行措辞上的小修改后通过了答辩。我用她作为案例只是想说明，这是城市社会科学研究中相当普遍的做法。

[3] 自 20 世纪末城市人口急剧下降以来，人口基本趋于稳定。2010—2015 年，城市人口甚至还略有增长。

第7章　度量成效

什么是好的城市规划？在本书的最后来考虑如此重要的问题，似乎有些为时过晚。但是，这个问题的答案涉及收缩城市研究的一个重要维度，很适合放在本书结尾部分来讨论。通过开始思考"规范性问题"（即该怎么做的问题），我希望读者和我一起从更加宏观的视角思考问题：我们的城市研究最终想要达成什么目的？苏珊·范斯坦（Fainstein，2010）出版了她的重要论著《正义城市》（the Just City）。对她来说，规划专家长期痴迷于如何建设好城市，而没有对评价结果给予足够的重视。范斯坦以及其他类似学者长期以来一直在探讨——好的城市规划成果是什么？她们的愿景是建设一种不让富人和有权势者享有种种特权的公平、公正的社会制度。其他研究者则更加关注城市政策干预过程中的程序公平。朱迪思·英尼斯和戴维·布赫在《复杂性规划》（Planning with Complexity）（2010）中采用后现代方法规划城市，将几十年以来不断积累的研究探索推向高潮：高度聚焦于程序公平，通过过程确保结果的公正。

在自己的学术研究中，我发现仅关注过程是空洞的，必须同时关注城市正在发生的实际事务。我认为审查规划结果的做法是可取的，但是，仅有一对一的评估结果会陷入反复无常的境地。我更感兴趣的是城市当地人的主观意见，他们对自己生活、工作、学习或游憩的地方有何看法？

让我们通过剖析一个具体案例将这个问题谈得更深入一些。沙威尼根（Shawinigan）是加拿大魁北克省的小城市，人口总数55060（Statistics Canada，2011）（图7.1、图7.2）。在经历数十年的制造业衰退后，这座城市已经习惯了人口的逐年下降。然而，该市的经济发展官员并没有因此放弃，而是在"沙威尼根经济发展公司"（the Economic Development

图 7.1　魁北克省沙威尼根（Shawinigan）的冬天

图 7.2　魁北克省沙威尼根市中心
摄影： E.M. 霍兰德（授权使用）

106 Corporation of Shawinigan）下设立了一个新的非政府组织，开始积极招商引资并向现有企业投资。2012 年，一群本地商业投资者在市中心边缘购买了一处旧工厂，并将其改造成一家小型酿酒厂，其中包括一家零售店和艺术家的阁楼工坊。经济发展办公室认为这是他们工作的成绩，并开始将沙威尼根营销为手工业和制酒业的中心（Canada Economic Development for Quebec Regions，2015）。目前，他们正在讨论由此带来的新财税收入和新就业机会。

作为城市研究者，当我了解到这样一个故事后，该如何评价它呢？我应该通过什么方法评判这座城市是否成功地应对了衰退呢？在某种特定背景下，成功的意义又是什么？

本章接下来将对这些问题展开讨论。虽然沙威尼根的经济发展官员认为衰退（和持续衰退）是一种失败，那么，还有其他的观点吗？居民、工人和游客对沙威尼根的主观看法是怎样？又能起到什么作用？啤酒厂带给他们的是快乐还是悲伤？这个问题重要吗？

在探讨这些主题后，我接下来将介绍几个关键的研究问题，并给研究者提供解决这些问题的方法。与前几章一样，本章最后将分析一个与主题相关的研究范例。

1 衰退是否等于失败？

我们习惯性地认为：人口和经济衰退是负面的，而增长是正面的（Beauregard，2003）。这样的信息充斥于各种文学、电影、电视和社交媒体。在第 1 章中，我提到了《福布斯》杂志上的"衰亡最快的城市"排行榜，而像这种类似的负面言论无穷无尽。我们随处都能看到：衰落等于失败。

事实是这样吗？一个城市在失去人口和就业机会后，仍能成为高质量的居住地吗？理论上也许可以。但实际上也许并非总是如此。这是一个还有待于研究者回答的经验问题。

107 作为思考的开始，我们首先需要明确成功的衡量标准。我访谈沙威尼根官员时，他们引用了很多经济学观点，对社区健康和福祉的最新量化指标表现出了极大的认同。对他们和政治领袖来说，评价他们工作的政绩指标包括：就业岗位的增长、地方和省政府的税收增加以及房地产价值的提升。

然而，我们也不必完全服从他们的世界观。城市中还有小企业主、单身母亲、大学毕业生、叙利亚难民以及无数其他人群的想法值得考虑。作为学者，我们的义务是选择关键变量，不仅要考虑精英或决策者的观点，也要涵盖更广泛的视角。在这里，衰退的好处变得明显。让我们来思考一下，在一个理论上不断增长的城市，上述每一个角色会发生什么变化。

在增长型城市中，小企业主将面对不断攀高的租金和停车位的缺乏；单身母亲可能难以找到合适的住处，可能要与别人竞争紧缺的托儿服务；刚毕业的大学生买不起房子；叙利亚难民可能在无尽地等待安置援助。

当然，这些问题并不一定是增长型城市特有的"地方病"，但我认为这些问题的反面情况可能就是收缩城市的特征。小企业主看到租金保持稳定，并能为顾客提供充足的停车位；单身母亲能找到体面的住处和托儿服务；大学毕业生能够拥有自己的房子；难民很快得到所需的援助，以适应新生活。

是的，我承认这看起来很不可思议，但可以说，衰退的表现方式同样荒谬。对于上述每一类人来说，社区宏观的人口和经济环境对人们的生活选择、福祉、就业机会和住房稳定肯定有所贡献，但这些贡献有时是积极的，有时是消极的。

在露西和菲利普斯（Lucy and Phillips，2000）的郊区衰退研究中，他们将收入作为衡量标准。谁能说这不对呢？我们都想赚更多的钱，对吧？在他们的研究中，他们用信心十足的统计结果表明，相比于其他大都市地区，经历人口减少的地方往往也会经历收入下降。但是，由于露西和菲利普斯没有考虑购买力，所以他们无法成功地将这些低收入与低生活水平关联起来。为什么没有进行关联呢？答案是，人口和就业率的下降并不总是导致生活水平下降。

108

　　毫无疑问，失业和人口衰减会给人们和地方带来沉重打击。有无数的轶事和案例研究探索一个地方何时衰落，以及如何对人们的生活造成伤害（Sugrue，1995；Linkon and Russo，2002；Gordon，2008）。作为收缩城市的研究人员，我们的任务是不受这些例子的影响，对其他可行的衰退途径持开放态度。

　　例如，苏格鲁（Sugrue，1996）的《城市危机的起源》（*Origins of the Urban Crisis*）提供了详细且令人信服的案例，说明了工业衰退如何对底特律的非洲裔美国人造成（比其他人群）更加剧烈的影响。他提供的生动证据证明了工厂关闭和随之而来的失业导致那些有经济能力的家庭迁出底特律，留下了最贫困的家庭。我们可以从这些叙述中得出结论，但在这样做时必须始终保持谨慎。底特律的就业和人口衰落对于成千上万人来说可能是一件坏事，换言之，如果底特律从未失去这些工厂和工人，那又会怎样？这种反事实的假设是不可能被完全证实或证伪的，但是，苏格鲁自己还是提供了一些令人信服的证据。在他看来，底特律经济增长的繁荣时期——也就是非裔美国人从南方大量迁移到东北部和中西部的工业城市的时期——同样绝不是一切美好的理想时期。

　　苏格鲁描绘了快速增长的时期，底特律日益增加的工厂周围拥挤而简陋的棚户区的悲惨生活。他描述了底特律经济增长期间工人及其家人所忍受的不安全、不卫生的环境。底特律的这一历史时期可以与随后的衰退时期形成鲜明对比，但这需要一位有经验的评估者才能真正作出比较。我在底特律的有限经历让我怀疑，底特律的萧条时期未必比它的繁荣时期更糟——这完全取决于你从哪个角度评判以及用什么价值观来评判。[1]

　　还是留给历史学家评判过去并进行比较吧。对于研究当代城市的学者来说，我提供了一个解决这种复杂问题的方法：不要以人口增长、收入或就业率判断一个城市的成功，而是要转而关注在那里生活、工作和游憩的人的主观幸福感。如果他们生活得很快乐，那么到底有多少人生活在这里，他们每月赚了多少钱，或者有没有新公司招聘新人，这些都不重要了。

2　幸福感和满足感

　　在过去的 10 年里，幸福感已经成为评判国家和地方成功与否的合理指标。不丹第四任国王久美新业旺楚克（Jigme Singye Wangchuck）从 1972 年开始制定了一项著名的国民幸福指数，这个每年采集的年度指数可以与传统的国内生产总值（GDP）相媲美（Schuelka and Maxwell，2016）。同时，世界各地的城市都开展了幸福感调查，以衡量居民幸福感。就在我自己的住所萨默维尔市（图 7.3），自 2011 年以来一直在进行年度幸福感调查，询问诸如"你现在感觉到的幸福程度是多少？""你对住在萨默维尔的满意度是多少？"等问题。

图 7.3　马萨诸塞州萨默维尔（Somerville）的典型住宅街道

110   几年前,这个新评价方法给我留下了深刻的印象,我决定看看在收缩型城市和增长型城市中,幸福感分别如何? 在 2011 年发表的一项研究中(Hollander, 2011a),我使用了来自"美国住房和城市发展部"(the U.S. Department of Housing and Urban Development)半常规的"美国住房调查"的变量数据。在这项调查中,每个家庭需要回答与住房和社区特征相关的100 多个问题,再对社区品质提出总体看法。虽然不尽完美,但通过这些有关社区品质的问题可以了解到人们对自身幸福和生活质量的主观评价。

我的研究涵盖 38 个城市,其中 20 座城市在大约 20 年的调查期间出现了人口流失现象。结果令人吃惊的是:城市增长或收缩与其社区品质评估得分之间,没有出现系统的或统计上显著的特定规律。研究成果发表在了著名的《城市事务评论》(*Urban Affairs Review*)期刊上,但它充满局限性。我想表明的是,生活品质与人口衰减之间没有明显的关联。当一个地方失去人口时,似乎有更复杂的关系在起作用,如小企业主可以获得额外的停车位,单身母亲可以获得日托名额,刚毕业的大学生可以拥有新的住处。

3 研究选题

开展此类研究,在《城市事务评论》发表的论文还只是开始。我查阅了其他相似的研究文献,相信收缩城市的研究者在这个领域有很大的机会颠覆传统思维,通过研究凸显衰退可能带来的积极(或至少中性)影响。

在这方面,下面给出的研究问题可能对开展此类型的调查有所帮助:

● 人口流失如何直接影响住房市场?
● 什么样的政策制定策略能有效地管理这种影响?
● 哪些城市经历人口流失,但却没有出现严重的空置和废弃问题? 为什么?
● 经济衰退和人口下降能为居民提供哪些积极的影响(利益)?
● 什么样的政策制定策略有助于塑造这些积极的影响(利益)?

关于"成功的标准",值得探索的几个研究问题是:

- 哪些成功的标准最适用于跟踪(增长和收缩)城市幸福感的主观   111
  评估?
- 对一个城市来说,成功到底意味着什么?
- 在建筑、社会和历史方面,是否存在对居民影响最大的某些地方
  属性?

4 研究方法:城市社会聆听、心理学研究方法

城市社会聆听

当城市研究者谈论城市时,我们倾向于仍然依赖学生时代所习得的
话语体系。我们被教导赞颂城市的活力、能量、生机、正义、多样性与和
谐。我们被训练得相信伟大的城市都是聚集人群、和平生活、纵情娱乐、
构建家庭、努力工作、接受教育和激发思考的地方。这种教育模式在当前
的西方大学的城市规划专业培养中广泛流行,与"山上的城市"①(the City
on a Hill)的说法截然不同,这个隐喻的主要内涵是让城市成为道德灯塔
(Chudacoff,1981;Reps,1992)。

那么城市的意义何在?我认为,除了变成"信仰标杆"或"享乐天堂"
之外,21 世纪的城市应该更加以居民的主观需求为导向。有时候,这些居
民希望寻求城市活力,希望在市中心建立一个农产品交易市场;有时候,
他们希望伸张正义,利用市政厅的台阶进行抗议活动;有时候,他们希望
城市站在道德立场,制定禁止性别歧视的地方法规(图 7.4、图 7.5)。显而
易见,这些多样的目标在不同城市、不同国家和不同大洲之间有很大的差

---

① "山上的城市"(the City on a Hill)最早出自新约圣经马太福音,比喻人崇高的品德应该像是建在
  山顶的城市,让所有人都能看到,成为大家瞻仰和模仿的榜样。早期从英国出发去美国拓荒的清
  教徒曾经将波士顿称为"山上的城市",训诫教徒在新大陆后应当约束自己,不要胡作非为而损
  害上帝形象。自此,这个隐喻在美国流行。——译者注

112

图 7.4 威斯康星州麦迪逊市戴恩县（Dane County，Madison，Wisconsin）农贸市场

图 7.5 亚特兰大 2017 年 1 月 21 日的妇女游行最后在市政厅集结

异，并且受到文化、历史、经济、宗教、种族和气候因素影响。如今，试图建立一个全面的、统一的城市理论，比以往任何时期都更加困难，近乎虚幻。这使得我们不得不采用归纳性思维，基于自下而上的工作方法，利用数百万计的城市居民社交媒体"信息碎片"（Crumbs）来了解。

人们常用哪些社交网络？他们在网上发布了什么？他们喜欢什么帖子？喜欢谁的帖子？这些对城市生活和态度具有非凡洞察效力的城市信息库将威廉·米切尔（Mitchell，1996）提出的"比特之城"[①]（City of Bits）概念提升到了新的现实高度。米切尔曾经认为互联网在某种程度上表现得像是一座城市，而今，城市环境已经被高度数字化了，超出绝大多数人的预想。"信息碎片"的概念很有启发性。面对数量巨大的大众群体，城市研究者现在可以掌握他们的行动轨迹、喜欢、不喜欢以及对社区和生活的看法。我们不需要依靠哲学家告知我们：城市为什么存在？城市应该是什么样子？我们可以通过严格和系统地分析城市居民在社交媒体留下的信息碎片找到答案。这实现了后现代规划的终极目标：让公众参与物质空间发展和环境建设，技术层面的专业知识仍然由规划师决定，而更宏大的问题，如建设什么样的城市，则由人民来决定。

在《城市社会聆听：在城市研究中使用微博数据的潜力和危险》一书中，我已经充分讨论了这种方法（Hollander et al.，2016），因此，我在这里仅仅进行简单介绍。

在许多最流行的社交媒体网站，研究者可以利用"应用程序接口"（Application Program Interface，API）获取社交媒体提供的带有地理编码的数据流。根据我的经验，推特（Twitter）是能通过 API 最容易访问服务器数据的社交媒体。据估计，推特每天有 2 亿活跃用户和 4 亿条推文（Smith and Brenner，2012）。

在撰写本书时，推特的国际文化影响力已经达到顶峰。在竞选期间，

113

[①] "比特之城"主要关注计算机技术的发展对人类生存方式的影响，指出未来的城市是一个数字化的空间。——译者注

唐纳德·特朗普（Donald Trump）总统使用了推特招募他的"教徒"。当选总统以后，他常常通过 140 字（或更少）的推特帖子吸引国际新闻媒体。2017 年，美国"电影艺术与科学学院"（the Academy of Motion Picture Arts and Sciences）的年度盛会奥斯卡颁奖典礼出现了电视直播史上最重大的失误之一，著名演员沃伦·比蒂（Warren Beatty）和费耶·达纳韦（Faye Dunaway）被错误地宣布获得了最佳影片奖（当晚最大的奖项）。据报道，负责获奖者信封的助理由于正在发实时推文，在递交信封时因为分心出了差错（Castillo，2017）！

早在这些热闹发生之前，我就决定在推特上进行研究，和一名学生开发了定制软件，可以轻松下载和分析世界上任何给定地区范围内的推特帖子（Hollander et al.，2016）。我们编写了自己的程序，但是，有许多现成同类程序可以直接使用，有些工具甚至已经嵌入了流行的统计和分析软件中。

使用我的程序"城市态度"（Urban Attitudes），研究者可以轻松设置一个地理范围（小到一栋建筑，大到整个国家），然后，该程序就可以自动收集推文。当然，你现在也可以从几个不同的存储库中直接购买推特的历史数据。

推特用户（特别是活跃用户）并不能作为任何特定人群的代表性抽样样本。他们往往更年轻，更有可能是男性，并且更大可能生活在城市地区（Mislove et al.，2011；Smith and Brenner，2012）。但总的来说，这些数据还是能被视为衡量公众情绪的可靠指标。博伦（Bollen et al.，2011）发现，在五个月的时间跨度里，推特数据中的情绪变化与期间社会、政治、文化和经济事件密切相关，正是这些事件使得公众情绪发生了改变。多兹（Dodds et al.，2011）通过对 33 个月内 46 亿条推文的长期、大规模研究，也证实了这个发现。另一项特别引人注目的研究表明，与吸烟和糖尿病等常见的人口、社会经济和健康风险因素相比，城市的"推特语言"和情绪的变化能更好地预测心脏病的死亡事件（Eichstaedt et al.，2015；Hollander et al.，2016）。

推文数据可以从几个不同的层面进行分析。在第一个层面，这些帖子的发布信息（时间、位置、数量）可以有效反映人口密度和活动。在完成的一个纽约市的研究项目中，我们注意到某些文化设施（博物馆、历史遗迹、动物园）周围的推文数量与这些机构的人气密切相关。推文多意味着该机构是人员嘈杂的繁忙场所。在另一个波士顿的研究项目中，洛根国际机场是推文信息最集中的地点——很明显，很多人在等飞机时喜欢登录社交媒体。

在第二个层面，可以通过搜索关键词开展更深入的研究分析。在纽约项目中，我们想知道人们对文化类建筑的看法，因此去搜索了相关术语，如"建筑""设计""建造""立面"和"砖石"等（图 7.6）。然后，分析这些关键词在每条推文内容中出现时的语境。例如，"谁在中东建造和平？"这样的帖子会被丢弃，而类似"很喜欢这个博物馆的新式建筑"的帖子会被认为是有用的。

115

图 7.6　纽约的市政大楼

在城市社会聆听的第三个分析层面,研究者可以应用一系列详细的"内容分析"(Content Analysis)和"情感分析"(Sentiment Analysis)。这些技术可以进一步研究发帖人的兴趣、需求、恐惧和欲望。我曾大量使用情感分析方法分析帖子中出现的高积极度词汇(使用 AFINN [①] 情绪词典中预编码),例如,"好"得分 + 4,"坏"得分 – 4(Nielsen,2011)。这项技术可以用来分析诸如:在历史公园中,人们喜欢发出"这个公园很漂亮"这样的积极推文;在历史建筑面前,人们可能会发出"好奇怪的建筑,但我喜欢它"的推文。

"语言查询和字数统计"(the Linguistic Inquiry and Word Count,LIWC)软件则可以进一步将每条推特分解成更复杂、细微的语言层次(Pennebaker et al.,2007)。例如,在纽约项目中,我们能够证明不同的社区之间(家人、朋友和邻居之间的)社会联络程度的差别。令人惊讶的是,LIWC 还捕捉到了帖子是如何代表感知过程(视觉、听觉和感觉)、驱动力(成就、权力和风险)以及个人关注点(涉及工作、休闲、家庭生活、金钱或宗教)——这是一个涵盖社会、心理、社区态度、信仰和观念的数据宝库,可以帮助研究人员在小的地理范围内动态地了解大量人群的相关信息。

心理学研究

利用社交媒体数据分析快乐和幸福心理,这项研究帮我打开了视野,为我的收缩城市研究找到更好、更有效的策略。我和来自传统的应用社会科学背景的同事一样,很少花时间谈论我们的感受。但是,浏览数百万条推特之后,你会意识到情感感受在城市研究中的重要作用。

事实证明,感受也许会比其他任何事情都要重要。《认知建筑学:回应建成环境的设计方法》的研究经历(Sussman and Hollander,2015)帮助我意识到了城市研究中的"人本部分"(Human-side)的价值。弗洛伊德(Freud)

---

① AFINN 是一种流行的情感分析词汇库,包含有 3000 多个常用词汇的情感评分,并且已经成为 python 程序包的内置函数。——译者注

有句名言："心灵就像冰山，露在水面之上的只是它的七分之一。"（Johnston，1984）也就是说，人通常是无意识的生物。相比于有意识的想法和经历，我们对周围世界的无意识反应和互动更为重要。同样，我们主要通过情绪机制对周围的世界作出反应，这些情绪会影响我们（健康方面）并左右我们的行为（Kandel，2012；Ellard，2015）。

将我们的关注点回到收缩城市上。当我们试图了解一个地方如何演变、如何衡量成功、如何衡量幸福时，研究向心理学转向就有意义了。虽然有很多种研究框架可以指导此类探索，但是，我想在这里推荐《认知建筑学》（*Cognitive Architecture*）书中的框架（Sussman and Hollander，2015）。关于城市应该采取什么样的物质空间形式才能完美适应我们进化的、直立的、用双足行走的哺乳动物的大脑，该书从科学研究文献中拣选并确定了五条原则：（1）边界的重要性：人类其实是一个具有"触敏性"[①]（Thigmotactic）[或说"贴墙趋向"（wall hugging）]的物种；（2）样式的重要性：人类是视觉导向的物种；（3）形体的分量：人类生性偏好具有对称性的形状；（4）叙事是关键：人类是唯一有叙事倾向的物种，这对场所营造特别重要；（5）热爱生命和自然（Biophilia）：人类与生俱来的热爱生命、亲近自然的天性（图 7.7）。

我自己的研究就是基于这样的框架展开，分析某个地方在多大程度上遵守这些原则（CA）或没有遵守这些原则（Non-CA）。通过比较波士顿两个街区——步行友好且历史悠久的"北角"（North End）以及小汽车导向且现代化的"西角"（West End），我证明了观察者在 CA 和 Non-CA 之间存在显著脑电波差异（Hollander and Foster，2016）。在这个项目中，我使用了"电极便携式脑电图仪"（Electrode Portable Electroencephalography，EEG）。在其他研究项目中，我还尝试使用了心率监测、视线追踪、面部表情分析和"行为任务"（即要求参与者听到声音时按下按钮）。在这项研究中，我与心理学家、神经科学家和计算机科学家合作，每天都在学习新心理学

117

118

[①] "触敏性"（thigmotactic）指有机组织能够对外界的触碰产生反应，可以是负面反应（回避触碰），也可以是正面反应（趋向触碰）。——译者注

图 7.7 加利福尼亚州科学院采用的绿色屋顶设计

理论或新实验设备（时时刻刻都很新奇）。

　　为了有效地研究收缩城市，我认为运用这些心理学方法至关重要。它可以收集体现人们对各种城市环境直接心理反应的数据，扩展了城市研究范畴。废弃问题和混乱问题一直是城市学者的关注重点，但普通人呢？在经过空置用地或废弃建筑时，他们会有怎样的情感反应？认知建筑学原则之一 ——样式的重要性，建议建筑立面的开窗位置模拟人脸样式（即两个眼睛一个嘴）来排布，这样可以让人们更放松，更平静。在传统建筑数量丰富、建筑外立面形式多样的收缩城市中，即使建筑本身没有人住，这样的设计特征会不会让人们不知不觉中感到快乐呢？收缩城市的心理体验是度量城市成功与否的问题核心，也是本章的讨论重点。如果我们从来没有真正询问人们到底喜欢什么，也没有检查人们在看到一座城市时的脑电波活动，那么我们判断城市好坏的能力是有限的。

5　研究范例

本章中，我试图探讨城市研究和规划研究中的一个重要问题，同时也是收缩城市学者特别感兴趣的问题：成功城市的内涵是什么？吉马良斯等（Guimaraes et al.，2016）的研究非常值得回顾，介绍这个研究有助于扩展读者对前文介绍的一些想法的理解。论文旨在调查普通人对其城市的看法、态度和信念，以此来理解居民迁移的抉择。他们探索的研究问题是：在葡萄牙，"影响当前居民决定留下或离开城市的因素是什么？"（2016，第1685 页）。

关于这些因素的影响，论文借鉴了很多已有的学术成果，其研究的重点是了解居民的想法。对于葡萄牙规划师来说，想要得到这个结论：一方面，需要了解人们为什么离开曾经生活过的收缩城市；另一方面，要询问他们可能选择离开或选择不离开的真实原因是什么。[2] 虽然不像前面描述的城市社会聆听方法那样不引人注目，但这种数据收集方式可以提供超出传统收入、人口水平或资产数据的丰富见解。

吉马良斯等（Guimaraes et al.，2016）的研究背景是：过去关于驱动移民迁移的推力和拉力因素的研究调查大多聚焦在增长地区，而他们选择的四个葡萄牙城市都处于收缩中。其他学者已经找到了居民选择离开（或不离开）收缩城市的很多可能原因，例如经济状况（Hoekveld，2012）、生活舒适物条件（Andersen and van Kempen，2003；Royuela et al.，2010；Brunner et al.，2012）、场所依恋或社会网络（Brown et al.，2003；Coulton et al.，2012）。这些研究文献是吉马良斯等人拟定调查问卷问题的基础，例如"你是否认为所在的城市具有社区意识？"

根据问卷结果，他们发现，驱动移民最重要的因素是"生活和工作"，最不重要的因素是"娱乐和环境设施"。具体说，问卷调查显示工作条件是促使人们离开这些收缩城市的最大驱动力。最惊人的研究发现是，当人们感知到物质环境出现衰退的迹象时，是否会影响人民的迁移决策呢？相关的研究结论如下：

> 尽管"环境和视觉属性"和"收缩氛围"已经明显揭示了收
> 缩特征，但这些因素对迁出城市的个人决定影响力很小……这表
> 明，尽管城市的居民承认收缩，但这些因素并不是影响居民决定
> 离开的决定性因素。此外，根据德尔肯（Delken，2008）和霍兰
> 德（Hollander，2011）的研究，收缩的氛围似乎并不会降低居民
> 的生活满意度。（Guimaraes et al.，2016，第 1703 页）

对于研究者来说，有些数据是很容易采集的，例如，衰退的视觉呈现、
空置土地和废弃建筑。有些结论也是很容易获得的，例如，确定这些现象
是不好的事情，进而需要用规划方法解决它们。然而，更具挑战性的研究
问题在于，如何通过在这里居住、工作或学习的居民的眼睛，从紧闭的木
板窗户后面看待衰退的世界。吉马良斯等人做了一些有意义的工作，摒弃
了传统西方社会对衰退抱有的负面观感。他们发现（我也在其他地方得出
同样的结论）：虽然人们会意识到发生了衰退并感受到了物质空间中的衰退
迹象，但这并不一定会改变他们对未来生活的预期。其他因素，如本研究
中发现的就业环境，对此次问卷调查的受访者来说更为重要。

这些物质空间中的衰退迹象肯定会产生影响，导致投资的流失，并给
居民带来（有意识或无意识的）心理负担。但是，衰退只是影响社区的力
量之一，吉马良斯等人发现其他因素对迁移决定的影响更大。同样，吉马
良斯等人发现物质空间美景是一个重要的"拉力"因素，有助于人们在面
对衰退时，仍然坚定地留下来：

> 尽管经济驱动因素占主导地位，但研究结果还显示出城市特
> 定特征构成了相关的"推力"和"拉力"因素。最典型的城市案
> 例是"波尔图"（Oporto）。在那里发现"美景和遗产"……并且

被居民视为最重要的"拉力"因素……这个案例说明了特殊心理因素的重要性，尤其说明了与场所依恋等相关的心理因素能解释居民留下来的意愿（Brown et al., 2003；Guimaraes et al., 2016，第 1703—1704 页）

这篇论文的特点是对问卷调查数据进行了详细的统计分析，进而得出变量之间的关键统计关系。严谨的方法使得文章的结论极具说服力：管理人口减少是一个复杂且多面的过程，需要创新的研究方法。作者最后强调了这一方面，并呼吁制定更多的政策和研究工作共同解决收缩问题：

> 我们的实证研究支持了先前的研究发现，即强调了确保工作机会和良好工作条件的必要性。然而，研究所揭示的具体情况也凸显出，仅仅着手于提升经济条件不足以维持或增加城市人口，还需要考虑其他因素。社会联系和场所依恋也是居民决定迁移与否的重要驱动力，因此，在思考如何增强城市韧性时，还可以考虑加强社区归属感和城市识别性，以及强化城市的特质。（Guimaraes et al. 2016，第 1705 页）

聆听生活在收缩城市中的人们的"声音"，有助于规划者了解居民关心什么，行为驱动力是什么，他们喜欢所在城市的什么方面，以及他们不喜欢什么方面。作为研究人员，我们的工作是制定分析策略，以便更好地得出有效而可靠的答案，将更好的工具交给规划师，帮助他们更好地理解分析结果。在本章中，我挑战了一些普遍持有的信念，即城市管理工作中的"成功"的具体内涵是什么？如果有所冒犯，我在此致以歉意。我希望提供一些定义成功城市的激进观点，让研究人员能够从更高的视角思考解决问题的方法，最终为全球收缩城市提供高质量、有影响力和务实的解决方案。

121

注释：

[1] 几十年的研究表明，底特律半个世纪的人口减少导致废弃住房和犯罪活动急剧增加，这似乎与我的观点相矛盾。我想在学术界展开讨论，围绕我们选择某些特定指标的方式，然后围绕这些指标构建研究结论。例如，如果底特律的幸福评价指数是绿地可达性，那么可以说，今天的城市比 50 年前更好。大部分关于底特律的城市评价中都缺失了城市居民对其生活质量的主观评价部分，缺乏大规模的、长时间跨度的居民主观评价。任何对当下城市悲惨困境的评价都仅限于自我视角的观察结果，如加尔斯特（Galster, 2012）的《驱动底特律》（*Driving Detroit*）或加拉格尔（Gallagher, 2012）的《重新想象底特律》（*Reimagining Detroit*），而不能取代泛化为代表整个城市的一般性评估。

[2] 由于人类的反应大多数都是无意识的，这种反应在可靠性和有效性方面可能存在局限性，但是，作者所运用的问卷调查研究是理解个人偏好、态度、观点、行为和潜在行为的最佳工具之一（Bradburn et al., 2004）。

第8章　展望未来

　　佛蒙特州拉特兰市（Rutland）现今居民总数为 15824 人，在过去的半
个世纪里，其人口数一直在稳定下降，与美国新英格兰地区北部的大部分
地区情况一样（图 8.1）。这座曾经的主要铁路枢纽城市和大理石集散地已
经逐渐走向衰落，其人口总数较 1970 年峰值下降了 18%（Bidgood 2017；
U.S. Census 2017）。很难想象这么偏僻的小城市怎么会被放到聚光灯下，但
就在新年伊始，我在《纽约时报》上读到了一篇关于这座城市的报道，介

图 8.1　佛蒙特州拉特兰市中心

绍该市有计划将叙利亚和伊拉克难民安置到这里（Bidgood，2017）。

123 经历了多年的经济和人口持续衰退后，拉特兰市的领导者们认为引入这些难民是让城市恢复活力的关键。如市长克里斯托弗·洛拉斯（Christopher Louras）所说，"我们需要人"（Bidgood，2017，第 A1 页）。目前的计划是引入 100 名叙利亚或伊拉克难民，但是，一个名为 "Rutland First" 的组织已经开始动员反对难民的安置。他们担心城市无法承担照料、安置和教育这些难民的费用成本。正是这场抗争，让拉特兰市登上了《纽约时报》的封面。

尽管记者的报道充满戏剧性，但这个故事实际上与收缩城市研究有关。支持引入难民的一方认为，重新安置的叙利亚人或伊拉克人将使得城市人口增加，最终激活经济活动。根据以往的经验，我们对这种变化了解多少？有哪些理论可以帮助我们理解这种人口流入与其长期影响之间的关系？在本书中，我希望给大家提供一个回答这些问题的基本研究框架。

如第 2 章讨论的，收缩的区域背景至关重要，这也同样适用于拉特兰市的案例。如果这些难民最初居住在城市中，然后很快就搬去拉特兰郊区（比如普罗克特或什鲁斯伯里等城镇，甚至邻近纽约州的格兰维尔）怎么办？那接收难民对拉特兰市会有什么好处？考虑到难民的身份，我们可以猜测他们也许几乎不会带来很多财产。因此，至少在最初阶段，他们的住房租金需要来源于公共财政。虽然人口增长将提高拉特兰市住房市场的需求，理论上有助于稳定（甚至略微提高）住房价格，但是，如果政府将收容难民所支付的房屋租金用于拆除空置和废弃的建筑物，通过减少住房供应，理论上也可以稳定甚至提高房屋价格，这就很难说哪种选择会更好。

第 2 章讨论的研究方法也与此相关：经济基础分析、人口预测以及了解城市与郊区之间的关系。对于拉特兰市来说，试图通过增加人口来建设城市未来的想法是一种退步。任何经济基础分析都表明，就业市场是人口的主要驱动力。拉特兰市难民项目的目的是通过给难民提供培训服务并帮助他们找到工作，最终适应新的环境。从区域视角看，项目可以给区域发展带来好处。但是，难民没有任何义务留在这个城市——就像一代又一代的拉特兰居民离开这里去美国其他地方寻求更好的经济机会一样，他们也可能会离开。 124

　　在第 3 章中，我深入探讨过移民和难民的重新安置问题。第 3 章中讨论过的聚焦地方问题也是拉特兰案例的关键：100 名难民对私营住房市场会产生什么样的影响？在第 3 章描述的诺格塔克河谷案例中，独特的供给、需求和文化设施的组合将来自拉丁美洲的移民吸引到了康涅狄格州的这个小角落。刚到这里时，他们在餐厅、建筑工地或工厂努力工作。当积累了一定的财富后，他们开始开设自己的干洗店或旅游公司。但是，在拉特兰市的案例中，难民大多数都很贫困，这里没有他们的亲戚家人，也不是充满发展机会的传闻吸引他们主动迁来的，总之，拉特兰市不是他们自己选择的定居点。他们是被安置在拉特兰的，这对城市的影响不得而知。对这些无法自主选择安置目的地的移民的遭遇和影响的调查分析，可以成为收缩城市研究中的新领域。像洛拉斯市长这样的地方领导将接收难民作为解决城市收缩问题的手段之一，学者可以就此开展研究分析，证实或证伪这种说法。第 3 章提到的深度访谈和焦点小组访谈方法在这里也特别有用。当一个难民家庭来到这个城市时，他们是如何找到居所的？他们会一直待在这里吗？他们的到来对周边社区有何影响？对空置率有何影响？对难民和现有居民的深入调查可以提供深入的洞察，帮助我们进一步理解居民安置对社区、对城市产生的影响。

　　本书第 4 章重点关注了收缩城市的社区维度，深入讨论了城市设计、社区稳定和历史保护等问题。第 4 章努力树立的重要理念是：保护和维护空置和废弃的不动产是实现社区稳定最重要的方式之一。让难民们搬进空置建筑居住，的确是保护和维护建筑物的好办法。拉特兰市案例给我们的启示是，利用有血有肉的人，再加上他们的体力付出，政府就可以在保持社区稳定性方面发挥重要作用。政府通过帮助难民支付部分水电账单，让他们能够居住在原本空置且破败的房屋中，这个工作策略对于保护和支持收缩社区的长期稳定性具有重要的启迪意义。

　　第 5 章讨论的是城市中心区问题，对拉特兰市案例也有重要启发。考虑到许多难民应该没有美国驾照，或暂时没有资格或资金购买汽车，因此，他们应该会选择生活在高密度、步行导向、公交便利的市中心。同样，难民中许多人也可以进入本地大学学习，提高英语水平，为找到佛蒙特本地工作接受专门的职业培训。"佛蒙特大学"（the University of Vermont）和"佛蒙特州社区大学"（the Community College of Vermont）都在市中心，私立的"圣约瑟夫学院"（the College of St. Joseph）也坐落在拉特兰市中心的边缘。这给市中心的高等教育机构更多的发展机会，支持它们继续在市中心投入资金、发展教育事业；同时，这也给收缩城市探索建设一个更广大、更包容的大学城提供了战略机遇。随着新难民学生的涌入，市中心既是学生适应文化的中心。在接受教育的同时，市中心也会成为他们生活和工作的地点。

　　第 6 章中提出的社会公平问题也与拉特兰市所遇到的挑战密切相关。由于不同宗教、民族和国籍身份的人之间可能产生冲突，族群的多元化有可能挑战人们长期以来认定的"佛蒙特人"的认知。在撰写本书时，欧洲和美国各地的民粹主义政治家都在呼吁拒绝"外来者"，认为由基督徒和白人组成的小圈子受到了入侵。基于收缩城市的生活经验和规划对策，第 6 章试图讨论这些问题。富裕的、受过教育的、年轻的居民是第一批离开收缩城市的人；贫穷的人则被留了下来。在拉特兰市，很多留在城市的人并不欢迎那些"与他们不同"的新移民。但是，这些新移民平均年龄更年轻，有助于复兴收缩城市的社会、文化和经济活力。拉特兰市和佛蒙特州的领导人声称，这些年轻移民的加入，可以振奋城市的企业家精神。从另一个角度理解这句话，他们同时也是在指责当前拉特兰市人缺乏开拓精神。

　　最后，从第 7 章的角度，拉特兰市的故事可以被提炼（即概念化）为：不同人群就如何提高城市幸福感展开观点交锋。支持难民的组织认为，接收难民的举措不仅是道德上正确的选择，而且总体而言，为社区带来的利益大于损害。反对难民的群体持相反看法，认为接收难民总体上的危害超过了利益。我们可以计算出收益与成本吗？当然可以，通过大致计算政府的直接和间接支出，以及可能产生的经济影响，即可估算出大概的成本和收益。但是，拉特兰市案例的争论几乎没有涉及财务状况问题，讨论更多的是关于人们想要居住在怎样的社区？如何评估多样性带来的各种效应？以及新居民（寻找工作机会）对当地失业居民的就业前景意味着什么？

通过设计心理学指标，我们可以度量满足感、幸福感和心理健康；利用问卷调查、社会聆听或"生物测量技术"（Biometric）进行指标评估，我们可以解答有关拉特兰市接收难民的利弊问题。不幸的是，这些指标不能用来展望未来，很多数据只有在难民搬入城市以后才能测量，但是，用这些指标做一些前瞻性的预测还是可行的。

设想如果进行年度幸福感调查，请拉特兰居民评估自己的生活水平并评价所在邻里和社区的情况，结果会如何？如果不以家庭收入中位数作为衡量接收难民结果好坏的评价指标，而是收集拉特兰居民的对自己生活的主观感受，或通过生物识别技术来测量他们的反应，揭示他们内心的想法和感受，那么结果又会如何？这些对潜意识的解读可以客观地衡量城市政策对社区或好或坏的影响，这是目前其他工具还无法做到的。当然，拉特兰市居民是否接受这样的评估，那就是另一个问题了。

127

总结

即使有其他驱动因素（娱乐、文化、自然、退休老人），拉特兰市仍然应该主要采用经济和人口分析来真正了解城市的未来。虽然重新安置难民的花费可能不高，并且，在道德层面的驱动力很强（我个人也支持安置难民），但是，政府不应该完全围绕引进的 100 名难民来制定城市的增长战略。

社会科学研究方法的转变

很高兴能通过这本书来分享我在收缩城市领域的研究经验、观点和建议。你可能已经注意到了，我个人倾向于使用更极端、不保守的社会科学研究方法。我一直对未经检验的新研究策略更感兴趣，觉得比那些多次翻

版的教科书上的方法更有新意。我这种独特倾向，可能来源于读研究生期
间面对传统方法局限性的沮丧。统计学方法需要花费数周时间掌握技术背
后的数学原理，并在假设的问题上一次一次练习，最后才能在现实世界的
实际问题中应用该方法。在完成所有流程之后，结论还常常可能缺乏有效
性。我们的老师会向学生解释，可能存在变量遗漏偏差、仪器校准偏差、
变量管理偏差等。无论是在访谈、问卷还是数据分析时，总是会存在误差。
我对解决这些问题的革新思路，就是去开发新的方法。这些新的方法有可
能（只是可能）避免上述误差，为理解城市状况提供更有效和可靠的分析
结果。

　　研究生毕业后不久，我开始探索利用林登实验室的"第二人生"（Linden
Lab's Second Life）游戏来进行研究可能（图 8.2）。作为一款"大型多人在
线游戏"（Massively Multiplayer Online Game，MMOG），第二人生备受关注，
人们可以在虚拟空间中创造现实世界的复制品。从 2006 年开始，有些大学
128　开始购买这个虚拟空间游戏来开展在线教学，游戏商家开始在游戏里销售
虚拟服装（此时默认服装选项有限）。社会科学家开始研究第二人生游戏

图 8.2　在虚拟城市社区 "Second Life"（第二人生）中的游戏角色

里的虚拟居民,假设他们的行为方式可能与现实生活中的人相同。不同的是,游戏里虚拟居民的所有活动、旅行和谈话都被记录下来以供查询(Kamel Boulos et al., 2007;Boellstorff, 2015)。所以,我也加入了这个有趣的研究。

我有时会问我自己,或是跟同事一起探讨,虚拟空间是否可以成为更理想的研究场所,实现以现实世界中做不到的方式进行城市社会科学研究。在我看来,这里能够跟踪和监控人群的每一个动作和发言,比我学习过的所有粗放式研究方法都要强大得多。或许,你可以通过在这些虚拟城市中进行实验,了解人们在真实城市的行为方式?

如果我的想法是对的,这个想法可能已经被写成了一本关于第二人生的书。虽然这本书并没有写成,这并不意味着我错了,而是全世界的人涌向虚拟世界的疯狂冲动发生了变化。大家开始转而涌向社交媒体,如脸书、推特、领英(LinkedIn)和 Instagram。[1]正如我在第 7 章中所写的,社交媒体数据记录了大量的有效信息,包括:人们如何生活,他们的谈话内容,他们去哪里,他们的整体幸福感等。

虽然第二人生游戏依然存在,但扩展速度已经逐步放缓,将它用作社会科学研究的热情也已经逐渐减少。我在本书的结论部分提到这个案例,只是想说明,虽然人群基本保持不变,但技术的转变为应用新工具开展城市研究打开了大门。我们不必完全依赖过去那些成熟的研究方法,有时候,需要运用实验性的研究策略,才能为我们揭示有关研究问题的真正答案。

第二人生也许不会是能开展这样的研究的地方,但是,随着 3D 眼镜的改进和成本下降,虚拟的沉浸式空间有可能成为展开收缩城市研究的场所。第 4 章中提出的城市设计问题,第 7 章中的幸福感问题,我们都需要为下一个出现的新工具作好准备,才能更好地了解收缩地区发生的事情。新工具如何影响人、组织和企业?实施了哪些举措应对收缩?它是否发挥了作用?在精心设计的虚拟城市中,研究人员可以在虚拟世界中对城市发展进行模拟,但是,人才是值得研究的对象。这让我想起了游戏"模拟城市"(SimCity),玩家可以在游戏中制造地震,然后通过制定规划和政策来复兴城市。不可能在现实世界中这么做，但你可以在有真人参与的虚拟世界中这样做。这就是模拟城市这样的模拟游戏不同的地方（虽然最新版本中，也加入了真人玩家和虚拟人物）。在模拟城市中，算法可以预测人们将如何应对新的区划条例、新建设的公园或新增加的公共交通。在虚拟世界中，研究人员可以实施新政策，然后观察游戏中真实的人如何在虚拟城市里作出（虚拟的）回应。这种研究方法不是普通的回归分析；对于收缩城市研究人员来说，这是颠覆式的创新研究方法，以构建更好、更成熟的研究策略，帮助他们来分析问题。

通过以上八章的讨论，我提出了收缩城市的未来研究议程。如果我有遗漏相关研究领域的任何学者或观点，在这里深表歉意。毫无疑问，分析收缩城市还有许多其他方式。有些人可能会将注意力放在收缩城市的成因，有些人希望更深入地研究重振经济发展的方式或扭转人口减少的其他策略。我围绕自己的世界观撰写了本书，并建议坚持以人为本、以设计为导向、利用前沿的实验性方法、永远乐观和务实地开展收缩城市研究。希望你们和我一起享受这趟研究之旅，并祝你们在自己的研究工作中一切顺利。

注释:

[1] 除此之外，如今儿童和青年越来越沉迷于一款 3D 沉浸式游戏——我的世界（Minecraft）。

参考文献

Advisory Council on Historic Preservation (2011), *Managing Change: Preservation and Rightsizing in America*, accessed January 27, 2016 at http: //www.achp.gov/ RightsizingReport.pdf.

Agyeman, Julian (2013), Introducing/Just Sustainabilities: *Policy, Planning, and Practice*, London: Zed Books.

Agyeman, Julian, Robert D. Bullard, and Bob Evans (2003), *Just Sustainabilities: Development in an Unequal World*, 1st edn., Cambridge, MA: MIT Press.

Alexander, C. (1977), *A Pattern language: Towns, Buildings, Construction*, Oxford: Oxford University Press.

Alexander, Frank S. (2005), *Land Bank Authorities: A Guide for the Creation and Operation of Local Land Banks*, Local Initiatives Support Corporation, accessed March 23, 2017 at http: //www.instituteccd.org/uploads/iccd/documents/landbankaut horitiesguideforcreationandoperation.pdf.

Altschule, Mark (1977), *Origins of Concepts in Human Behavior*, New York: Wiley.

Andersen, Hans Thor, and Ronald van Kempen (2003), "New trends in urban policies in Europe: Evidence from the Netherlands and Denmark," *Cities*, 20 (2), 77-86, doi: 10.1016/so264-2751 (02) 00116-6.

Anno, Mitsumasa (1997), *Anno's Journey*, London: Puffin Books.

Beauregard, Robert A. (2003), *Voices of Decline: The Postwar Fate of US. Cities*, 2nd edn., New York: Routledge.

Beauregard, Robert A. (2009), "Urban population loss in historical perspective: United States, 1820-2000," *Environment and Planning A*, 41 (3), 514-528.

Beauregard, Robert A. (2012), *Voices of Decline*, 2nd edn., New York: Routledge.

Becker, Carol Jean, Seth A. Grossman, and Brenda Dos Santos (2011), *Business Improvement Districts: Census and National Survey*, Washington, DC: International Downtown Association.

Bernt, Matthias (2009), "Partnerships for demolition: The governance of urban renewal in East Germany's shrinking cities," *International Journal of Urban and Regional Research*, 33 (3), 754-769.

Bertron, Cara, and Donovan Rypkema (2012), *Historic Preservation and Rightsizing: Current Practices Resources Survey*, accessed March 23, 2017 at http : //www.achp.gov/achp-rightsizing-report.pdf.

Besteman, Catherine (2016), *Making Refuge: Somali Bantu Refugees and Lewiston, Maine*, Durham, NC: Duke University Press.

Bidgood, Jess (2017), "Ailing Vermont town pins hopes on Mideast refugees," *New York Times*, January 2, accessed January 2, 2017 at https : //www.nytimes. com/2017/01/02/us/syria-iraq-refugees-vermont-rutland-plan.html.

Bilefsky, Dan (2016), "Denmark moves to make rufugees hand over valuables," *New York Times*, accessed March 23, 2017 at https : //www.nytimes.com/2016/01/14/ world/europe/denmark-refugees-confiscate-valuebles.html.

Blakely, Edward J., and Ted K. Bradshaw (1994), *Planning Local Economic Development: Theory and Practice*, Thousand Oaks, CA: Sage.

Bluestone, Barry, and Bennett Harrison (1982), *The Deindustrialization of America: Plant Closing, Community Abandonment and the Dismantling of Basic Industry*, New York: Basic Books.

Boellstorff, Tom (2015), *Coming of Age in Second Life: An Anthropologist Explores the Virtually Human*, Princeton, NJ: Princeton University Press.

Bollen, J., H. Mao, and A. Pepe (2011), "Modeling public mood and emotion: Twitter sentiment and socio-economic phenomena," in *Proceedings of the Fifth International AAAI Conference on Weblogs and Social media* (Association for theAdvancement of Artificial Intelligence), Palo Alto, CA: AAAI Press, pp.450-453.

Bradburn, Norman M., Seymour Sudman, and Brian Wansink (2004), *Asking Questions: The Definitive Guide to Questionnaire Design - For Market research, Political Polls, and Social and Health Questionnaires*, rev. edn., San Francisco, CA: Jossey -Bass.

Bradbury, Katharine L., Anthony Downs, and Kenneth A. Small (1982), *Urban Decline and the Future of American Cities*, Washington, DC Brookings Institution.

Brown, Barbara, Douglas D. Perkins, and Graham Brown (2003), "Place attachment in a revitalizing neighborhood: Individual and block levels of analysis," *Journal of Environmental Psychology*, 23 (3): 259-271, http: //dx.doi.org/10.1016/So272-4944 (02) 00117-2.

Brunner, Eric J., Sung-Woo Cho, and Randall Reback (2012), "Mobility, housing markets, and schools: Estimating the effects of inter-district choice programs," *Journal of Public Economics*, 96 (7-8), 604-614, doi: 10.1016/j.jpubeco.2012.04.002.

Burchell, Robert W., and David Listokin (1981), The Adaptive Reuse Handbook: *Procedures to Inventory, Control, Manage, and Reemploy, Surplus Municipal Properties*, New Brunswick, NJ: Rutgers University, Center for Urban Policy Research.

Burchell, Robert W., Naveed A. Shad, David Listokin. Hilary Phillips. Anthony Downs. Samuel Seskin, Judy S.Davis, Terry Moore, David Helton, and Michelle Gall (1998), *The Costs of Sprawl- Revisited*, Project No. H-10 FY'95, Washington, DC: Transportation Research Board.

Burnett, Kim (2003), "Strengthening weak market cities: A 10-step program for CDCs," Shelterforce, 131 (September/October), accessed May 29, 2013 at http: //www.shelterforce.com/online/issues/131/weakmarkets.html.

Canada Economic Development for Quebec Regions (2015), "Le Trou du diable continue to expand," July 17, accessed February 1, 2017 at http: //www.marketwired.com/press-release/le-trou-du-diable-continues-to-expand-2039640.htm.

Castillo, Michelle (2017), "A tweet may be to blame for the biggest Oscar goof up in history," *CNBC*, accessed August 21, 2017.

Christie, Les (2007), "The richest (and poorest) places in the U.S.," CNN Money, accessed September 20, 2016 at http: //money.cnn.com/2007/08/28/real_estate/wealthiest_states/.

Chudacoff, Howard P. (1981), *The Evolution of American Urban Society*, Upper Saddle River, NJ: Prentice Hall.

City of New Haven (2016), New Haven population change info, accessed January 20, 2017 at http: //www.cityofnewhaven.com/cityplan/pdfs/Chapter%202%20-%20

Community%20Overview. pdf.

Clark, David (1989), *Urban Decline: The British Experience*, London: Routledge.

Coulton, Claudia, Brett Theodos, and Margery A. Turner (2012), "Residential mobility and neighborhood change: Real neighborhoods under the microscope," *Cityscape*, 14 (3), 55–89, accessed March 23, 2017 at http: // www.jstor.org/ stable/41958940 .

Covington, Jeanette, and Ralph B. Taylor (1991), "Fear of crime in urban residential neighborhoods," *Sociological Quarterly*, 32 (2), 231–249.

CreativeClass.com (2017), "Creative Class Group," accessed March 1, 2017 at http: //www.creativeclass.com/.

Davey, Monica (2013), "Power curbed, Detroit mayor faces big job," *New York Times*, accessed March 23, 2017 at https: // www.nytimes.com/2014/01/01/us/ power–curbed–detroit–mayor–faces–big–job.html.

Dear, Michael, and Steven Flusty (1998), "Postmodern urbanism," *Annals of the Association of American Geographers*, 88 (1), 50–72.

Dewar, Margaret E. (1998), "Why state and local economic development programs cause so little economic development," *Economic Development Quarterly*, 12 (1), 68–87.

Dodds,P.S.,K.D. Harris,I.M. Kloumann,C.A. Bliss,and C.M. Danforth(2011), "Temporal patterns of happiness and information in a global social network: Hedonometrics and Twitter," *PLoS ONE*, 6 (12), e26752, doi: 10.1371/journal.pone.0026752.

Donegan, Mary, Joshua Drucker, Harvey Goldstein, Nichola Lowe, and Emil Malizia (2008), "Which indicators explain metropolitan economic performance best ? Traditional or creative class," *Journal of the American Planning Association*,74(2), 180–195.

Downs, Anthony (1975), "Using the lessons of experience to allocate resources in the Community Development Program," in A. Downs (ed.), *Recommendations for Community Development Planning: Proceedings of the HUD/RERC Workshops on Local Urban Renewal and Neighborhood Preservation*, Chicago, IL: Real Estate Research Corporation, pp.1–28.

Egan, Timothy (2005), "Ruling sets off tug of war over private property," *New York Times*, July 30.

Eichstaedt, J.C. et al. (2015), "Psychological language on Twitter predicts county–level heart disease mortality," *Psychological Science*, 26 (2), 159–169.

Ellard, Colin (2015), *Places of the Heart*, New York: Bellevue Literary Press.

Ewing, R, and S. Hamidi (2015), "Compactness versus sprawl: A review of recent evidence from the United States," *Journal of Planning Literature*, 30 (4), 413–432, doi: 10.1177/0885412215595439.

Fainstein, Susan S. (2010), *The Just City*, Ithaca, NY: Cornell University Press.

Fertner, Christian (2012), "Urbanisation, urban growth and planning in the Copenhagen Metropolitan Region with reference studies from Europe and the USA," *Forest and Landscape Denmark*, 54, accessed March 23, 2017 at http: www. researchgate.net/publication/261367605_Urbanisation_urban_growth_and_planning_ in_the_Copenhagen_Metropolitan_Region_with_reference_studies_from_Europe_and_ the_USA.

Florida, Richard L. (2002), *The Rise of Creative Class: And How It's Transforming Work, Leisure, Community and Everyday Life*, New York: Basic Books.

Freeman, L. (2006), *There Goes the Hood*, Philadelphia, PA: Temple University Press.

Gaber, John, and Sharon Gaber (2007), *Qualitative Analysis for Planning and Policy: Beyond the Numbers*, Chicago, IL: American Planning Association.

Galbraith, J.K. (1998), *Created Unequal: The Crisis in American Pay*, New York: Free Press.

Gallagher, John T. (2010), *Reimagining Detroit: Opportunities for Redefining an American City*, Detroit, MI: Wayne State University Press.

Galster, George (2012), *Driving Detroit: The Quest for Respect in the Motor City*, Philadelphia: University of Pennsylvania Press.

Ganning, Joanna P. (2016), "Arts stability and growth amid redevelopment in U.S. shrinking cities' downtowns: A case study," *Economic Development Quarterly*, 30 (3), 239–251.

Gans, Herbert J. (1962), *The Urban Villagers: Group and Class in the Life of Italian-Americans*, New York: Free Press.

Gehl, Jan (2010), *Cities for People*, Washington, DC: Island Press.

Glaeser, Edward L, and Joseph Gyourko (2005), "Urban decline and durable housing," *Journal of Political Economy*, 113 (2), 345–375.

Glaeser, Edward L, and Kristina Tobio (2008), "The rise of the Sunbelt," *Southern Economic Journal*, 74 (3), 609–643, www.jstor.org/stable/20111988.

Glaeser, Edward L, Scott Duke Kominers, Michael Luca, and Nikhil Naik (2015), *Big Data and Big Cities: The Promises and Limitations of Improved Measures of Urban Life*, NBER Working Paper No. 21778, Cambridge, MA: National Bureau of Economic Research.

Goffman, Alice (2014), *On the Run: Fugitive Life in an American City*, New York: Picador/Farrar, Straus and Giroux.

Gordon, Colin (2008), *Mapping Decline: St. Louis and the Fate of the American City*, Philadelphia: University of Pennsylvania Press.

GroBmann, Katrin, Marco Bontje, Annegret Haase, and Vlad Mykhnenko (2013), "Shrinking cities: Notes for the further research agenda, "*Cities*, 35, 221–225.

Guimaraes, Maria Helena, Luis Catela Nunes, Ana Paula Barreira, and Thomas Panagopoulos (2016), "What makes people stay in or leave shrinking cities ? An empirical study from Portugal," *European Planning Studies*, 24 (9) (April 30), 1684–1708.

Hackworth, Jason (2014), "The limits to market-based strategies for addressing land abandonment in shrinking American cities," *Progress in Planning*, 90, 1–37.

Hall, Peter (1997), "Modeling the post-industrial city," *Futures*, 29 (4–5), 311–322.

Heacock, Erin, and Justin B. Hollander (2011), "A grounded theory approach to development suitability analysis," *Landscape and Urban Planning*, 100, 109–116.

Henderson, V. (1975), "Race, economics, and public policy," *Crisis*, 83 (Fall), 50–55.

Highsmith, Andrew R. (2007), "Decline and renewal in North American cities," *Journal of Urban History*, 34 (7), 619–626.

Hoch, Charles (1996), "A pragmatic inquiry about planning and power," in Seymour Mandelbaum, Luigi Mazza, and Robert Burchell (eds), *Explorations in Planning Theory*, New Brunswick, NJ: Center for Urban Policy Research, pp. 30–44.

Hoekveld, Josje J. (2012), "Time-space relations and the differences between shrinking regions," *Built Environment*, 38 (2), 179–195, doi: 10.2148/benv.38.2.179.

Hoekveld, Josje J. (2014), "Understanding spatial differentiation in urban decline levels," *European Planning Studies*, 22 (2), 362–382.

Hollander, Justin B. (2009), *Polluted and Dangerous: America's Worst Abandoned Properties and What Can Be Done about Them*, Burlington: University of Vermont Press.

Hollander, Justin B. (2010), "Moving toward a shrinking cities metric: Analyzing land use changes associated with depopulation in Flint, Michigan," *Cityscape*, 12 (1), 133–151, http: //www.jstor.org.ezproxy.library.tufts.edu/stable/20868735.

Hollander, Justin B. (2011a), "Can a city successfully shrink ? Evidence from survey data on neighborhood quality," *Urban Affairs Review*, 47 (1), 129–141.

Hollander, Justin B. (2011b), "Keeping control: The paradox of scholarly community-based research in community development," *Community Development Journal*, 46 (2), 265–272.

Hollander, Justin B. (2011c), *Sunburnt Cities: The Great Recession, Depopulation and Urban Planning in the American Sunbelt*, London: Routledge.

Hollander, Justin (2013a), "A plan to shrink Detroit (well)," *Planetizen*, accessed March 23, 2017 at https: //www.planetizen.com/node/60940.

Hollander, Justin B. (2013b), "Contemporary perceptions of nine decades of depopulation in New Bedford, Massachusetts," *Urban Design International*, 18, 6–23.

Hollander, Justin B. (2016), "How Ben Carson and HUD might fulfill Donald Trump's promise to 'fix our inner cities, '" *Cleveland Plain Dealer*, December 6.

Hollander, Justin B., and Bernard Cahill (2011), "Confronting population decline in the Buffalo, New York, region: A close reading of the 'Erie–Niagara Framework for Regional Growth, '" *Journal of Architectural and Planning Research*, 28 (3), 252–267, http: //www.jstor.org.ezproxy.library.tufts.edu/stable/43030944.

Hollander, Justin, and Veronica Foster (2016), "Brain responses to architecture and planning: A preliminary neuro–assessment of the pedestrian experience in Boston, Massachusetts," *Architectural Science Review*, 59 (6), 474–481.

Hollander, Justin B., and Jeremy Nemeth (2011), "The bounds of smart decline: A foundational theory for planning shrinking cities," *Housing Policy Debate*, 21 (3), 349–367.

Hollander, Justin B., and Jessica Soule (2017), "Stakeholder preferences on a working waterfront: Quality of life, land uses and planning processes in Chelsea, Massachusetts," in Rhonda Phillips and Ceilia Wong (eds), *Handbook of Community Well-Being Research*, Dordrecht: Springer, pp.339-354.

Hollander, Justin B., Karina Pallagst, Terry Schwarz, and Frank J. Popper (2009), "Planning shrinking cities," *Progress in Planning*, 72 (4), 223-232.

Hollander, Justin B., Erin Greves, Henry Renski, Cara Foster-Karim, Andrew Wiley, and Dibyendu Das (2016), *Urban Social Listening: Potential and Pitfalls for Using Microblogging Data in Studying Cities*, New York: Palgrave Macmillan.

Hollander, Pamela W., and Justin B. Hollander (2008), "Activist literacy in shrinking cities: Lessons for urban education," *Language Arts Journal of Michigan*, 23 (3), 42-50.

Hollander, Pamela W., and Justin B. Hollander (2012), "Activist literacy in the hood: Lessons for youth and urban education," in Chris Richardson and Hans Skott-Myhre (eds), *Habitus of the Hood*, London: Intellect Press, pp. 143-156.

Hoover, Edgar M. and Raymond Vernon (1962), Anatomy of a Metropolis: *The Changing Distribution of People and Jobs within the New York Metropolitan Region*, Cambridge, MA: Harvard University Press.

Hospers, Gert-Jan (2013), "Coping with shrinkage in Europe's cities and towns," *Urban Design International*, Special issue: Shrinking cities, 18 (1), 78-89.

Innes, Judith Eleanor, and David E. Booher (2010), *Planning with Complexity: An Introduction to Collaborative Rationality for Public Policy*, Abingdon: Routledge.

Jackson, Kenneth T. (1985), *Crabgrass Frontier: The Suburbanization of the United States*, New York: Oxford University Press.

Johnston, Kenneth G. (1984), "Hemingway and Freud: The tip of the iceberg," *Journal of Narrative Technique*, 14 (1), 68-73.

Kamel Boulos, Maged N., Lee Hetherington, and Steve Wheeler (2007), "Second Life: An overview of the potential of 3-D virtual worlds in medical and health education," *Health Information and Libraries Journal*, 24 (4), 233-245.

Kandel, Eric R. (2012), *The Age of Insight: The Quest to Understand the Unconscious in Art, Mind, and Brain: From Vienna 1900 to the Present*, 1st edn., New York: Random House.

Kotkin, Joel (2000), *The New Geography: How the Digital Revolution Is Reshaping* the American Landscape, 1st edn., New York: Random House.

Krohe, James, Jr. (2011), "The incredible shrinking city," *Planning*, November, pp.1–11.

Kvale, Steinar (2007), *Doing Interviews*, London: Sage.

Langdon, Philip (2005), "Not for sale," *Planning*, 71 (4), 12–15.

Lewis–Kraus, Gideon (2016), "The trials of Alice Goffman," *New York Times Magazine*, January 12, accessed March 9, 2017 at https://www.nytimes.com/2016/01/17/magazine/the-trials-of-alice-goffman.html.

Linkon, Sherry Lee, and John Russo (2002), *Steeltown USA: Work and Memory in Youngstown*, Lawrence: University Press of Kansas.

Logan, John R., and Harvey L. Molotch (1987), *Urban Fortunes: The Political Economy of Place*, Berkeley: University of California Press.

Lubet, Steven (2015), "Did this acclaimed sociologist drive the getaway car in a murder plot ?", *New Republic*, May 27, accessed March 9, 2017 at https://newrepublic.com/article/121909/did-sociologist-alice-goffman-drive-getaway-car-murder-plot.

Lucy, William H., and David L. Phillips (2000), *Confronting Suburban Decline: Strategic Planning for Metropolitan Renewal*, Washington, DC: Island Press.

Lydon, Mike, and Anthony Garcia (2015), *Tactical Urbanism: Short-Term Action for Long-Term Change*, Washington, DC: Island Press.

Mallach, Alan (2010), *Facing the Urban Challenge: Reimagining Land Use in America's Distressed Older Cities-the Federal Policy Role*, Washington, DC: Brooking Institution.

Mallach, Alan, and Lavea Brachman (2010), *Ohio's Cities at a Turning Point: Finding the Way Forward*, Washington, DC: Metropolitan Policy Program at Brookings.

Martinez–Fernandez, C., Ivonne Audirac, Sylvie Fol, and Emmanuele Cunningham-Sabot (2012a), "Shrinking cities: Urban challenges of globalization," *International Journal of Urban and Regional Research*, 36, 213–225.

Martinez–Fernandez, C., C.-T.Wu, L.K. Schatz, N.Taira, and J.G. Vargas–Hernandez (2012b), "The shrinking mining city: Urban dynamics and contested territory," *International Journal of Urban and Regional Research*, 36 (2), 245–260.

Martinez-Fernandez, Cristina, Naoko Kubo, Antonella Noya, and Tamara Weyman (2012c), *Demographic change and Local Development: Shrinkage, Regeneration and Social Dynamics*, Paris: OECD, doi: 10.1787/9789264180468-en.

Martinez-Fernandez, C., T. Weyman, S.Fol, I.Audriac, E.Cunninghanm-Sabot, T.Wiechmann, and H.Yahagi (2015), "Shrinking cities in Australia, Japan, Europe and the USA: From a global process to local policy responses," *Progress in Planning*, 105, 1-48.

McDonald, John F. (2008), *Urban America: Growth, Crisis, and Rebirth*, Armonk, NY: M.E. Sharpe.

Metzger, John T. (2000), "Planned abandonment: The neighborhood life-cycle theory and national urban policy," *Housing Policy Debate*, 11 (1), 7-40.

Mikoleit, A., and M. Purckhauer (2011), *Urban Code: 100 Lessons for Understanding the City*, Cambridge, MA: MIT Press.

Mill, John Stuart (1884), *A System of Logic, Ratiocinative and Inductive*, London: Longmans, Green & Co.

Mislove, Alan, Sune Lehmann, Yong-Yeol Ahn, Jukka-Pekka Onnela, and J. Niels Rosenquist (2011), "Understanding the demographics of Twitter users," in *Proceedings of the Fifth international AAAI Conference on Weblogs and Social Media* (Association for the Advancement of Artificial Intelligence), Palo Alto, CA: AAAI Press, pp. 554-557.

Mitchell, Timothy (2002), *Rule of Experts: Egypt, Techno-Politics, Modernity*, Berkeley, CA: University of California Press.

Mitchell, William J. (1996), *City of Bits: Space, Place, and the Infobahn*, 1st MIT Press pbk. edn., Cambridge, MA: MIT Press.

Mitrany, Michal, and Sanjoy Mazumdar (2009), "Neighborhood design and religion: Modern Orthodox Jews," *Journal of Architectural and Planning Research*, 26 (1), 44-69.

Morcol, Goktug, and Douglas Gautsch (2013), "Institutionalization of business improvement districts: A longitudinal study of the state laws in the United States," *Public Administration Quarterly*, 37 (2), 240-279.

Morely, David (2015), "Meeting the vacant property challenge," *Planning*, 81 (8), 54-55.

Nemeth, Jeremy, and Justin B. Hollander (2016), "Exploring right-sizing opportunities for foreclosure-driven residential vacancies (FDRVs) in shrinking cities," *Journal of Landscape Architecture*, 11 (2), 90-100.

New York City Department of Neighborhood Development's Small Business Services (2016), *Fiscal Year 2016 (FY16) NYC Business Improvement Districts Trends Report*, accessed January 8, 2017 at http: //www1.nyc.gov/assets/sbs/downloads/pdf/neighborhoods/fy16-bid-trends-report.pdf.

Nielsen, F.A. (2011), "AFINN," Informatics and Mathematical Modelling, Technical University of Denmark, March.

Office for National Statistics (2011), Resident population estimates by ethnic group (percentages), May 18, accessed September 20, 2016 at http : //neighbourhood.statistics.gov.uk/dissemination/.

Oswalt, Philipp (2006), *Shrinking Cities*, Vol. 1: International Research, Ruit, Ostfildern: Hatje Cantz.

Ozatagan, Guldem, and Ayda Eraydin (2014), "The role of government policies and strategies behind the shrinking urban core in an expanding city region: The case of Izmir," *European Planning Studies*, 22 (5), 1027-1047.

Pain, Rachel (2000), "Place, social relations and the fear of crime: A review," Progress in Human Geography, 24 (3), 365-387.

Pallagst, Karina M. (2008), "Shrinking cities: Planning challenges from an international perspective," Cities Growing Smaller, accessed March 23, 2017 at http : //cudcserver2, cudc.kent.edu/publications/urban_infill/cities_growing_smaller/cities_growing_smaller_chapter_01_screen.pdf.

Pallagst, Karina M., and Georges Mercier (2007), "Urban and regional planning in Central and Eastern European countries-from EU requirements to innovative practices," in K. Stanilov (ed.), *The Post-Socialist City*, The GeoJournal Library No. 92, Dordrecht: Springer, pp. 473-490, doi: 10.1007/978-1-4020-6053-3_23.

Pallagst, Karina, Thorsten Wiechmann, and Cristina Martinez-Fernandez (eds) (2014), *Shrinking Cities: International Perspectives and Policy Implications*, New York: Routledge.

Pantalone, Stephen, and Justin B. Hollander (2012), "Relaxed zoning overlay,"

Zoning Practice, 28（9）, 1–7.

Pattison, Gary（2004）, "Planning for decline: The 'D' – village, policy of County Durham, UK," *Planning Perspectives*, 19（3）, 311–332.

Pennebaker, J.W., R.J. Booth, and M.E. Francis（2007）, *Linguistic Inquiry and Word Count（LIWC2007）: A Text Analysis Program*, Austin, TX: LIWC.net.

Pew Charitable Trust（2015）, *Philadelphia 2015: State of the City Report*, March, accessed March 9, 2017 at http : //www.pewtrusts.org/~/media/assets/2015/05/2015-state-of-the-city-report_web.pdf.

Real Estate Research Corporation（1974）, The Costs of Sprawl: *Environmental and Economic Costs of Alternative Residential Development Patterns at the Urban Fringe*, Washington, DC: U.S. Government Printing Office.

Real Estate Research Corporation（1975）, *The Dynamics of Neighborhood Change*, Washington, DC: U.S. Department of Housing and Urban Development, Office of Policy Development and Research.

Reckien, Diana, and Cristina Martinez-Fernandez（2011）, "Why do cities shrink ? ", *European Planning Studies*, 19（8）, 1376–1382.

Reps, John W.（1992）, *The Making of Urban America, A History of Cily Planning in the United States*, Princeton, NJ: Princeton University Press.

Rieniets, Tim（2009）, "Shrinking cities: Causes and effects of urban population losses in the twentieth century," *Nature and Culture*, 3（4）, 231–254.

Royuela, Vicente, Rosina Moreno, and Esther Vaya（2010）, "Influence of quality of life on urban growth: A case study of Barcelona, Spain," *Regional Studies*, 44（5）, 551–567, doi: 10.1080/00343400802662682.

Rusk, D.（1995）, *Cities without Suburbs*, 2nd edn., Washington, DC: Woodrow Wilson Center Press.

Rust, Edgar（1975）, *No Growth: Impacts on Metropolitan Areas*, Lexington, MA: Lexington Books.

Ryberg-Webster, Stephanie（2016）, "Heritage amid an urban crisis: Historic preservation in Cleveland, Ohio's Slavic Village neighborhood," *Cities*, 58, 10–25.

Salzman, Avi, and Laura Mansnerus（2005）, "For homeowners, frustration and anger at court ruling," *New York Times*, June 24.

Sassen, Saskia（1991）, *The Global City: New York, London, Tokyo*, Princeton,

NJ: Princeton University Press.

Schatz, Laura (2010), "What helps or hinders the adoption of 'good planning'principles in shrinking cities ? A comparison of recent planning exercises in Sudbury, Ontario and Youngstown, Ohio," doctoral dissertation, University of Waterloo.

Schindler, Seth (2014), "Understanding urban processes in Flint, Michigan: Approaching 'subaltern urbanism'inductively," *International Journal of Urban and Regional Research*, 38 (3), 791–804.

Schmidt, Deanna H. (2011), "Urban triage: Saving the savable neighborhoods in Milwaukee," *Planning Perspectives*, 26 (4), 569–589, doi: 10.1080/02665433. 2011.601609.

Schuelka, Matthew J., and Tom W. Maxwell (2016), *Education in Bhutan: Culture, Schooling. and Gross National Happiness*, Education in the Asia–Pacific Region: Issues, Concerns and Prospects No. 36, Singapore: Springer.

Schwarz, Terry, and Steve Rugare (2009), *Pop Up City*, Urban Infill, Vol.2, Cleveland, OH: Cleveland Urban Design Collaborative.

Seltzer, Ethan, and Armando Carbonell (2011), *Regional Planning in America: Practice and Prospect*, Cambridge, MA: Lincoln Institute of Land Policy.

Shilhav, Yosseph (1983), "Principles for the location of synagogues: Symbolism and functionalism in a spatial context," *Professional Geographer*, 35 (3), 324–329, doi: 10.1111/j.0033–0124.1983.00324.x.

Sites, William (2003), *Remaking New York: Primitive Globalization and the Politics of Urban Community*, Minneapolis: University of Minnesota Press.

Smith, Aaron, and Joanna Brenner (2012), *Twitter Use 2012*, Washington, DC: Pew Internet and American Life Project.

Smith, Neil (1996), *The New Urban Frontier: Gentrification and the Revanchist City*, New York: Routledge.

Smith, Neil, and Peter Williams (1986), *Gentrification of the City*, Boston, MA: Allen & Unwin.

Spradley, James P. (2016), *Participant Observation*, Long Grove, IL: Waveland Press.

Statistics Canada (2011), "Census profile," accessed January 15, 2017 at http : // www12.statcan.gc.ca/census–recensement/2011/dp–pd/prof/index.cfm ? Lang=E&MM.

Sugrue, Thomas J. (1995), "Crabgrass-roots politics: Race, rights, and the reaction against liberalism in the urban North, 1940-1964," *Journal of American History*, 82 (2), 551-578.

Sugrue, Thomas J. (1996), *The Origins of the Urban Crisis: Race and Inequality in Postwar Detroit*, Princeton, NJ: Princeton University Press.

Sussman, Ann, and Justin B.Hollander (2015), *Cognitive Architecture: Designing for How We Respond to the Built Environment*, London: Routledge.

SVD (Slacic Village Development) (2007), *Slavic Village - Broadway Development Action Plan: An Evolving Neighborhood with Its Foundations Rooted in Tradition and a Future as an Active, Vibrant, Connected Community*, Cleveland, OH: Slaciv Village Development, Neighborhood Progress Inc, and City Architecture.

Taylor, Lucy, and Dieter F.Hochuli (2015), "Creating better cities: How biodiversity and ecosysystem functioning enhance urban residents' wellbeing," *Urban Ecosystems*, 18 (3), 747-762.

Teaford, Jon C. (2000), "Urban renewal and its aftermath," *Housing Policy Debate*, 11 (2), 443-465.

Theobald, David M. (2014), "Development and applicationgs of a comprehensive land use classificationg and map for the US," *PLoS ONE*, 9 (4), doi: 10.1371/journal. pone.0094628.

Ujihara, Takehito, Mamoru Taniguchi, Hiroaki Furumai, and Yoshiro Ono (2006), "Evaluation of the activity locational pattern based on the water supply footprint index," *Environmental Systems Research*, 34, 507-513.

Urban Design Associates (2013), *The Urban Design Handbook: Techniques and Working Methods*, New York: W.W. Norton & Company.

United States Federal Home Loan Bank Board (1940), *Waverly: A Study in Neighborhood Consercation, Washington*, DC: United States Federal Home Loan Bank Board.

USA City Facts (2017a), "Baltimore, MD homes and housing," accessed January 27, 2017 at http: //www.usacityfacts.com/md/baltimore/baltimore/homes/.

USA City Facts (2017b), "Providence, RI homes and housing," accessed January 27,

2017 at http: //www.usacityfacts.com/md/baltimore/provideuce/homes/.

U.S.Census (1970), American FactFinder: Population and housing characteristics, accessed November 9, 2016 at https: //factfinder.census.gov/faces/nav/jsf/pages/index.xhtml.

U.S.Census (2010), American FactFinder: Population and housing characteristics, accessed November 7, 2016 at https: //factfinder.census.gov/faces/nav/jsf/pages/index.xhtml.

U.S.Census (2014), American FactFinder: Population and housing characteristics, accessed November 7, 2016 at https: //factfinder.census.gov/faces/nav/jsf/pages/index.xhtml.

U.S.Census (2016), QuickFacts: Fitchburg, Massachusetts, accessed June 15, 2016 at https: //www.census.gov/quickfacts/table/PST045215/2523875.

U.S.Census (2017), American FactFinder: Population and housing characteristics, accessed January 11, 2017 at https: //factfinder.census.gov/faces/nav/jsf/pages/index.xhtml.

Vale, Lawtence J, and Thomas J.Campanella (2005), *The Resilient City: How Modern Cities Recover from Disaster*, New York: Oxford University Press.

Wallace, Deborah, and Rodrick Wallace (1998), *A Plague on Your Houses: How New York Was Burned Down and National Public Health Crumbled*, New York: Verso.

Wiechmann, Thorsten, and Karina M.Pallagst (2012), "Urban shrinkage in Germany and the USA: A comparison of transformation patterns and local strategies," *International Journal of Uraban and Regional Research*, 36 (2), 261–280.

Wilson, William Julius (1987), *The Truly Disadvantaged: The Inner City, the Underclass, and Public Policy*, Chicago, IL: University of Chicago Press.

World Bank (2016), "Population growth (annual %)," accessed October 30, 2016 at http: //data.worldbank.org/indicator/sp.pop.grow.

Yamada,China,Toru Terada,Toshinori Tanaka,and Makoto Yokohari (2016),"Directions for vacant lot management in the outer suburbs of the Tokyo Metropolitan Region," *Urban and Regional Planning Review*, 3, 66–84.

Yin, Robert (2013), *Case Study Research: Design and Methods*, 5th edn.,

Thousand Oaks, CA: Sage.

Young, Kay (2010) *Imagining Minds*, Columbus: Ohio State University Press.

Young, Nella (2009), "Civic engagement processes in community-based arts: A meta-analysis of 23 cases," master's thesis, Tufts University.

Zumbrun, Joshua (2008), "America's fastest-dying cities," *Forbes Magazine*, August 5.

索 引

（本索引页码为英文原书页码，为方便读者检索，已将原书页码作为边码排于文中两侧）

译后记

　　《收缩城市研究——选题、方法和范例》原版出版于 2018 年，对收缩城市研究的科学问题、研究方法和政策应对进行了详细的介绍，是一本指导相关研究的工具书。作者贾斯汀·霍兰德是长期从事收缩城市研究的知名学者。在这本书中，他分享了自己的经历、经验、方法和思考，不仅给读者勾绘出该领域研究前沿，还慷慨、详尽地给读者指明了很多未来研究的可能方向，并提供了丰富的研究工具，这是一本实用性很强的研究参考书。

　　本书的一开始，作者贾斯汀讲述了自己如何进入这个研究领域的故事，像是一部电影的叙事，从一个氛围感极强的镜头慢慢地展开宏大的故事。在概括性地综述了国际收缩城市研究的源流和进展之后，贾斯汀基于丰富研究经验，概括总结了六个关键领域，作为收缩城市研究未来应当进一步展开思考的主题。对于每个主题，作者都从"有哪些值得探索的研究选题？""可以应用什么研究方法和数据？"和"有什么值得借鉴的研究案例？"三方面进行了详细的阐述。最后，作者还以一个收缩城市的发展事件为例，假设性地说明如何设计一个收缩城市研究，并分别从六个主题角度展开详细解读——有哪些研究要点？要收集什么数据？如何进行分析？要注意哪些细节？毫无疑问，作者如此精心的安排对有意向进入这一领域的博士研究生、硕士研究生或青年学者一定大有帮助。这本书的内容为他（她）们进行研究选题、研究设计、数据收集并展开相关分析提供了一个研究框架，具有较大的参考价值。

　　此外，本书介绍的国际实证研究案例也可以启发国内收缩城市学者展开相应的本土探讨。随着近些年"收缩城市"逐渐成为城市地理学、城乡规划学等学科的研究热点，本书作为国际学术前沿的展望，能够对国内相关研究产生较为深远的影响。就我个人而言，在进行了近 10 年的收缩城市研究之后，回过头来翻译这本工具书，锱铢必较的信息转译过程也给自己颇多的启发，包括：

首先，城市收缩研究应该进行更具有故事性的话题探索。很多收缩研究都始于数量分析，然而，本书提醒我们城市收缩是一个综合的社会、经济和空间变化过程，收缩的问题是多维的，话题是综合的，研究也是多样的。并且，收缩城市还有很多丰富而生动的故事，值得去挖掘和叙述。本书提出收缩城市的研究纲领，比简单的数据分析和案例介绍更加全面、立体和丰富。作者展示的收缩城市研究，既涵盖了区域和城市尺度下的宏观数据和模型分析，也有聚焦社区，切入居民生活的故事挖掘。由此可知，收缩城市的研究对象不仅是枯燥的统计数据，也不应该停留在城市案例累积。最终，研究者面对的是个体人的人生选择、生活体验、幸福感和满足感，这些都是见人见心的话题。

此外，虽然作者的举例大部分都是谈美国背景下的收缩城市，但仍然可以从中获得很多对中国研究有益的借鉴和启发。美国的收缩城市问题发生比较早，而且，情况恶劣且影响时间长久。很明显，不是所有的美国的收缩问题都会发生在我们国家的收缩城市中。事实上，很多问题都具有美国的特性，例如种族歧视、城市破产等。但是，其中仍然有很多的借鉴和启发。很多收缩的问题，只是换了一种表现方式，在国内收缩城市同样有所展现。例如，老年人问题同样也是我国收缩城镇和乡村研究中的关注点，留守人群（妇女、小孩、老人）在衰退的城乡景观中的迷茫与困惑同样存在，他（她）们的生活福祉同样是值得我国学者关切的话题。美国的内城衰退和郊区繁荣，形成鲜明的收缩—增长两极；对应着我国城市，老城区的破败不堪和新城区的光鲜亮丽，也是我们面对的不均衡发展现实。在美国的收缩城市，地方政府房地产税收基础的缩减带来了严重的财政负担问题；在我国偏远地区的中小城市，财政自给率长期不高，城市建设和基本运行长期需要上级政府的帮扶支持。

最后，面对多样的收缩城市研究问题展开探索，不变的准则是科学研究的严谨和方法应用的审慎。"熟知并非真知"。近些年，时常遇到想投入收缩城市研究的年轻学子，告诉我他们的家乡也经历了人口流失，对收缩城市的种种深有体会，一定能够做好研究。这里，作者提醒我们，收缩城市研究除了投入热情以外，还需要保有清晰的头脑，客观地、明确地剖析问题，揭示规律和知识。同时，收缩研究的范式丰富，必须以问题来驱使工具和数据的选用，展开创新性探索。作者也不断鼓励我们，研究设计必须勇于探索创新，定量方法和定性方法、传统方法和实验性方法的综合使用才能有所突破。"研究三角"的框架具有很好的启迪性，如何在"选题、数据、方法"三者之间找到平衡，是每个研究者都需要领会的要义，这在收缩城市研究中尤其重要。

本书的翻译工作由湖南大学建筑与规划学院 3S 实验室研究团队集体完成。我、戴燕归、孔雅茹及夏依宁完成了主要翻译和校译、整理工作。当中，戴燕归完成了致谢、第 1 章的翻译初稿、参考文献的录入和索引的翻译整理工作，孔雅茹完成了第 2、3 章的翻译初稿和全文的校对工作；而第 4、5 章、第 6、7 章及第 8 章的翻译初稿则分别由谢婉妍、张一雯及刘冲完成。

本书的翻译出版还获得了很多人的帮助。感谢作者贾斯汀·霍兰德的支持，让我有机会以访问学者的身份旁听塔夫茨大学的相关课程，快速地了解美国的城市发展和规划体系，并游历了很多美国收缩城市。这些知识和经历给我们准确翻译书中的信息奠定了坚实的基础。感谢中国建筑工业出版社的刘文昕编辑长期以来关注本研究领域，从《城市"缩小"时代的再开发方向》《城市兴衰启示录》再到本书，帮助我们将一系列收缩城市领域的优秀国际研究成果引介到国内。国家自然科学基金面上项目"城市收缩治理的理论模型、国际比较和关键规划领域研究"（项目批准号：52078197）和中美富布赖特研究学者项目（2018—2019 年）都以不同方式资助了本书的翻译和出版。最后，感谢一诚一诺，让本书的若干次校稿工作能在陪伴你们嬉戏玩耍的间隙愉快顺利地完成。

周恺

2022 年 7 月于阳光后湖